バイポーラ・トランジスタを使ったディスクリート回路で実現する

続 理解しながら作る ヘッドホン・アンプ

木村 哲 著

CQ出版社

はじめに

半導体を使ったシンプルで音の良いFET差動ヘッドホン・アンプをWeb上で発表したのが2006年のことです．このヘッドホン・アンプは，以後何度か改良されて今日に至ります．多くの自作オーディオ・ファンの方が製作してくださいましたが，一方でライブ・コンサートのアリーナやレコーディング・スタジオ，放送局でも使われています．

この十数年の間に自作オーディオの部品事情に大きな変化がありました．電子機器の基板の面実装化が進んだことで，3本足のトランジスタやFETの多くが製造中止になり入手が困難になってしまいました．

これから先，オーディオ・アンプを発表する場合は，使用する部品の調達のしやすさから見直さなければ読者の皆さんが困ってしまうだろうと思いました．それならば回路も部品も一から見直して，今までどこにも書かなかった内容も書き加えることで，より楽しんでいただける内容にしようと1年ほど前から執筆を開始しました．

その頃から自分の身体に異変を感じてはいましたが，まさか難病中の難病であるALS(筋萎縮性側索硬化症)を発症したとは思ってもみませんでした．しかし，手の筋力は日に日に衰えて，ろれつがまわらなくなる構音障害も目立つようになってきました．本書に掲載したすべての試作回路が仕上がり測定データも出揃った頃，正式に診断書が出てその翌日には難病申請の手続きをしていました．

これから先どうなってゆくかもわからない，そして突然訪れた人生の大変化に，すべてのオーディオ機材や測定器，そして愛車も手放して来るべき闘病生活に備えることにしました．書きかけた本書の出版も断念しました．

私が発症したALSは上肢から進行するタイプでした．手が動かなくなるのは時間の問題なので，早々に目の動きだけでパソコンを操作する視線入力を導入しました．介助のために人を呼んだり簡単なメッセージを送るくらいに思っていた視線入力が，MS Wordを使って書籍の執筆も不可能ではないことに気付くのに時間はかかりませんでした．それならばヘッドホン・アンプの本もすべてを書き上げて書籍にして出そうと，すでに書きあがっていた内容も全面的に見直しました．本書の50％は視線入力で書かれています．

私の病気はそれほど遠くない将来，命を失うか，命と引き換えに声を失います．主治医の勧めもあって，私は声を失う前に自分の声を残そうというマイボイスという取り組みに参加しています．

都立神経病院内に設置された録音スタジオで，ヘッドホンをつけて自分の声をモニターしながらマイクロホンに向かって自分の発声の癖や言い回しを記録してゆくのです．

そのモニターヘッドホンを鳴らすアンプは，その人の声をその人らしい声で鳴らさなければならないのだそうです．そういうことならばと，手元に最後に残ったヘッドホン・アンプをそのために使っていただくことにしました．そして今，私は自分のヘッドホン・アンプで自分の声をモニターしています．

このヘッドホン・アンプはこれから先も多くの人の命の声を耳に届け続けることを願っています．

手描き回路図について

私は，回路図をコンピュータなどのツールを使わないで，フリーハンドの手描きで作図してきました．回路図を描くのがとても楽しいからです．回路図の線の一本一本，部品の一つ一つを考えながら描いていると，その回路が動作する様子が見えてきて，音まで聞こえてきます．

本書の執筆を始めた頃，回路図を描いていて自分の体の異変に気がつきました．いつものように滑らかな直線が引けないのです．指先に力が入らず思うようにペンが動きません．これがALS(筋萎縮性側索硬化症)発症の始まりでした．

手先の筋力低下の進行はとても早く，執筆が進むにつれて回路図の線が乱れてきます．最後に描いた電源回路は大きな紙にサインペンで描いたものを縮小しました．

書籍では出版社にお願いして作図してもらうことが多いです．本書では，特別にお願いして手描きの回路図を使ってもらいました．少々見苦しいところもありますが，私が愛した手描きの最後の回路図です．どうかわがままをお許しください．

2020年11月　著者

目　次

第6章　ヘッドホン・アンプを作ろう　78

Appendix　製作のヒント＆部品ガイド　101

第1章

ヘッドホン・オーディオの魅力

■ ヘッドホンとヘッドホン・アンプ

迫力があって高音質なオーディオ・システムを手軽に手に入れる方法としてヘッドホン・オーディオがあります．

ヘッドホンの良いところは，大掛かりなパワー・アンプやスピーカとそれらを収容する部屋が不要であり，消費電力もわずかで済み，深夜でも人に迷惑をかけることなく豊かな音量で音楽を楽しめることにあります．

2000年以降，ヘッドホンの進化はめざましいものがあり，高音質・高機能なヘッドホンやイヤホンが次々と登場しています．いまや家電量販店のヘッドホン・コーナーには数え切れないほどの試聴用のヘッドホンが並んでいます．

お気に入りのヘッドホンが手に入ると，次に欲しくなるのはそのヘッドホンをより良い音で鳴らしてくれるヘッドホン・アンプではないでしょうか．

スピーカを鳴らすためのパワー・アンプの場合，オーディオ・ソースの情報を損ねることなく増幅するということと，スピーカを駆動するための大きな信号電流を供給するという2つの課題を解決しなければなりません．大出力を得ようとすれば部品点数も増えてアンプはどうしても大きく重くなり，消費電力も多くなります．オーディオ・アンプの設計では，大出力を得ることと良い音を得ることはなかなか両立しません．

ヘッドホン・アンプは，パワー・アンプほどの増幅をする必要はなく，ヘッドホンを駆動するための信号電流も少ないので設計上のハードルが低くなります．コンパクトかつ費用もかからないのに容易に高音質なアンプが作れるヘッドホン・アンプの世界は，自作オーディオのテーマとしては最適ではないかと思います．

■ ヘッドホンは小さな高性能スピーカ

ヘッドホンとイヤホンとスピーカは基本的に同じ原理で動作し同じような構造をしています．ヘッドホンもイヤホンも磁石とコイルを使って音を出すスピーカの一種ですから，これを良い音で鳴らすには小出力ながらも高品質のパワー・アンプが必要です．

普通のスピーカを十分に大きな音で鳴らすには少なくとも1W程度かそれ以上のパワーが出せるアンプが必要ですが，ヘッドホンは0.1W以下のパワーでも十分すぎるくらいの大音量を得ることができ，より耳に近いところで鳴るイヤホンではさらに小さいパワーでも十分な音量が得られます．そして，その音は明瞭でワイドレンジです．

試しにお持ちのスピーカをヘッドホンがわりに耳の両側に近づけてアンプの音量を絞って聞いてみてください．びっくりするほどのリアリティや迫力と帯域の広さを感じることができるでしょう．低音が十分に出ない小さなスピーカであっても，耳に近づけて聞いてみるとしっかりと低音が聞こえると思います．同時に，アンプのノイズも気になるのではないでしょうか．「ブーン」というハムや「サー」「シー」といったノイズがかなり大きく聞こえるでしょう．

ヘッドホンやイヤホンも同じです．ヘッドホン・アンプの性能がよほどに良くないと装置のあらが出てしまうのです．ヘッドホンやイヤホンは，オーディオ・システムのあらが出やすい，とても感度が高くて性能が良いデリケートなスピーカだと言えます．

● スピーカとヘッドホンとイヤホンの違い

(1)帯域…一般的にヘッドホンやイヤホンの方が超低域から超高

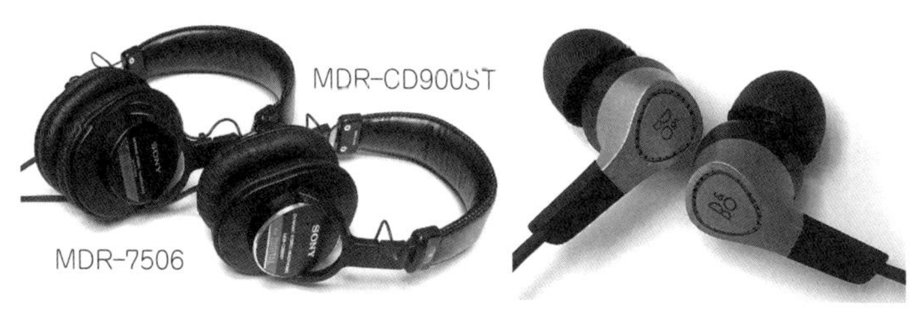

写真1-1　愛用のヘッドホンとイヤホンB & O Beoplay H3 MK2

域までワイドレンジ

(2) ノイズに敏感…イヤホン＞ヘッドホン＞＞スピーカ

(3) 少ないエネルギーで大音量が得られる…イヤホン＞ヘッドホン＞＞スピーカ

(4) インピーダンス…スピーカのインピーダンスは4Ω～8Ωくらいだがヘッドホンは32Ω～数百Ωが多く，イヤホンは16Ω～32Ωが多い

■ ヘッドホンのインピーダンス規格

スピーカやヘッドホンにはインピーダンスと呼ばれる規格があります．インピーダンスはオーディオ信号を扱うときの抵抗値（のようなもの）を表す指標の1つです．ヘッドホンのインピーダンスは，オーディオ信号を与えたときアンプ側からみた負荷となるため，この値はアンプ内部の振る舞いや回路の設計方針を左右します．

スピーカのインピーダンスは通常4Ω～8Ωくらいの範囲で，まれに10Ω～16Ωのものもあります．ヘッドホンのインピーダンスは実にさまざまで8Ωから600Ωくらいまでありますが，市販されているヘッドホンやイヤホンの大半は16Ω～150Ωの範囲にはいっています．ちなみに，私が常用しているヘッドホンのSONY MDR-CD900STおよびMDR-7506のインピーダンスは63Ωで，イヤホンのB & O Beoplay H3 MK2は18Ωです．

ヘッドホン・アンプの設計では，16Ω～150Ωくらいの広い範囲のインピーダンスでもちゃんと動作するような設計上の配慮がいります．

■ ヘッドホンの音量感

iPhoneなどのモバイル・オーディオ・プレーヤをイヤホンで聴く場合は，音量感で不足を感じることはまずないと思います．しかし，ヘッドホンをつないで聴こうとするとボリュームを最大にしても十分な音量が得られないことがあります．その理由を以下に説明します．

ヘッドホンの場合，50mWの出力というとかなりの大音量で，ヘッドホンよりも感度が高くかつ耳に近いところで鳴るイヤホンでは20mW程度でも相当な大音量が得られますので，この数字の違いを覚えておいてください．

図1-1は，8Ω，16Ω，32Ω，63Ω，150Ωのスピーカやヘッドホンを鳴らしたときの信号電圧と出力の関係を表したグラフです．16Ωのヘッドホンでは0.89Vの信号電圧で50mWが得られますが，32Ωでは1.26Vが必要になり，63Ωでは1.77V，150Ωでは2.74Vが必要です．インピーダンスが高いほど同じ音量を得るための信号電圧は高くなります．

市販のモバイル・オーディオ・プレーヤは約3Vのリチウム充電池を使っているため高い電源電圧が得られません．そのため出力信号電圧はデジタル・フォーマットで扱える最大振幅(フルビット，0dBフルスケール※)のときで1Vくらいが上限です．ということは，ヘッドホンやイヤホンのインピーダンスが16Ω程度であれば，出力電圧が低いモバイル・オーディオ・プレーヤでも大音量が得られますが，インピーダンスが63Ω以上のヘッドホンで

※フルビットあるいは0dBフルスケール…デジタル・オーディオではサンプリング可能な最大振幅を0dBとしている．

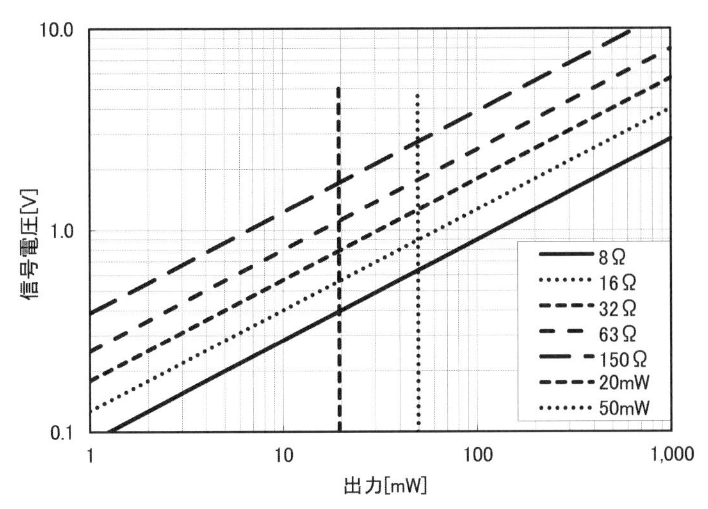

図1-1　信号電圧と出力の関係

はボリュームを最大にしても十分な音量が得られない可能性が出てくるわけです．また能率が低めのヘッドホンでは32Ωのものであっても音量不足になります．

■ ヘッドホン・アンプの電圧利得

インピーダンスが高いヘッドホンであっても十分な音量感を得るためには，ヘッドホン・アンプの出力信号レベルは最低でも2V，できれば3Vくらい欲しくなります．

最大で1Vくらいしか出ないモバイル・オーディオ・プレーヤをソースとした場合でも，またインピーダンスが高いヘッドホンとの組み合わせでも十分な音量を得るためには，ヘッドホン・アンプには2倍～3倍の利得を持たせる必要があります．

■ ヘッドホン・アンプの存在意義

「スマートフォンやパソコンのイヤホン端子にヘッドホンをつ

ないだらちゃんと鳴るし，CDプレーヤにもヘッドホン端子がついているのにわざわざヘッドホン・アンプを使う意味があるの？」，「ヘッドホン・アンプを追加したらその分だけ音質が劣化するだけではないの？」という質問を受けたことがあります．

この考え方が成り立つためには，スマートフォンのイヤホン端子やCDプレーヤのヘッドホン端子から出力されるオーディオ信号が上質でノイズやひずみがないことが条件ですが現実はそうではないことの方が多いのです．

性能の良いヘッドホン・アンプを使用した方が音が良くなる理由はいくつも挙げることができます．

● ヘッドホンのために最適化されていない

CDプレーヤなどのオーディオ・ソース機材のライン出力にはNE5532などの高性能かつ定評のあるOPアンプが使われることが多いですが，こういったOPアンプは600Ω以上の負荷インピーダンスを想定して設計されています．これをヘッドホン・アンプに流用すると，16Ω～数十Ω程度の低いインピーダンスの負荷を鳴らさなければならなくなり，特性が劣化してOPアンプ本来の実力が発揮されません．それでもOPアンプが1個あれば廉価にそこそこまともな音質でヘッドホンを鳴らすことができるので，メーカー製のアンプのヘッドホン出力にはOPアンプがよく使われます．

● ノイズが音楽をつまらなくしている

まだPLAYボタンを押していないのにヘッドホンから「サー」「シー」といったノイズが聞こえてくるヘッドホン・アンプはとても多いです．この種のノイズの存在は耳障りなだけでなく音のクリアさを損ねます．真に静粛なヘッドホン・アンプを使うと今まで聞こえなかった楽器の音の存在に気付いたり，その場の雰囲気が感じられるようになります．本書で紹介するヘッドホン・アンプは，いずれも無音とも言える静粛性を実現しています．

● デジタル・ノイズ漏れが音を悪くしている

手元にあるパソコン，iPhone，Bluetoothレシーバのいずれにおいてもイヤホン出力端子から許容限度を超えたデジタル由来のノイズ漏れが観測されました．ヘッドホン・アンプを通すことでこういったノイズを除去できれば音質は確実に向上します．

● ヘッドホンによっては音量不足を感じる

感度が高いイヤホンを前提としたオーディオ機器に低能率のヘッドホンをつないだ場合，十分な音量が得られないことがあります．モバイル・オーディオ・プレーヤで高インピーダンスのヘッドホンを鳴らしきることはできません．

● 聞き疲れする

高音質のヘッドホン・アンプの中には，シャープで明瞭だけれども耳や頭が疲れてしまって長く聞いていられないものが結構あります．本書では，明瞭かつワイドレンジで音楽の楽しさを隅々まで感じさせてくれて，しかもいつまでも聴いていたいと感じる聞き疲れしないヘッドホン・アンプを目指しています．

● そもそも音が気に入らない

アンプによって音が違ってくるのは皆さんも十分に経験済みのことだと思います．ヘッドホン・アンプもそれぞれに異なる音がします．より良い音で音楽を楽しむために誰もが自分の好みに合ったヘッドホン・アンプに出会いたいと思うのは自然のことではないでしょうか．

■ ヘッドホン・アンプに必要な機能と性能

ヘッドホン・アンプには具体的にどんな機能や性能が必要なのか以下に整理しておきましょう.

● 入出力端子

さまざまなオーディオ・ソース機器と接続できるように，入力端子には標準的なRCAピン・ジャックを使用するのが一般的ですが，接続する相手によっては3.5mmステレオ・ミニ・ジャックという選択肢もあります.

出力端子はヘッドホン・ジャックとして標準的な1/4インチサイズのステレオ・フォーン・ジャックとします．3.5mmステレオ・ミニ・ジャックの方が都合がいい場合はジャックを付け替えるか，2種類のジャックを取り付けるか，変換アダプタを使用します.

● 利得(感度)

手持ちのiPhoneのオーディオ出力信号レベルを測定してみたところ，デジタル信号の最大値(フルビット，0dBフルスケール)で1.0Vでした．通常のCDプレーヤのオーディオ出力信号レベルの最大値は2Vくらいなので2倍程度の差があります．出力レベルが低いiPodやPCのアナログ出力をつないで使いやすいボリューム・ポジションで十分な音量が得られるためには，ヘッドホン・アンプの電圧利得は2倍～3倍が適切値です.

● 入力インピーダンス

どんなオーディオ機材を接続しても性能を損ねることなく問題なく動作するためには，ヘッドホン・アンプの入力インピーダンスは，20kΩ～50kΩくらいは欲しいところです．10kΩ程度の低めの入力インピーダンスでも全く問題なく動作するソース機材もたくさんありますが，ソース側の機材が真空管式であったり20年以上前のモデルだったりすると10kΩでは低すぎて低域がカットされたりひずみが増加します．

注意していただきたいのは，出力インピーダンスと入力インピーダンスは別物だということです．CDプレーヤなどのカタログに出力インピーダンスが100Ωとか200Ωというふうに十分に低い値が記載されていても，それは1kΩ以下の低い入力インピーダンスで受けても大丈夫という意味ではありません．

● デジタル・ノイズ・フィルタ

デジタル・ソースから漏れてくる可聴帯域外のノイズをカットするためのフィルタを装備することをおすすめします．

本書で紹介するヘッドホン・アンプでは，40kHz以上の帯域をスムーズにカットするローパス・フィルタ機能を追加し，スイッチでON/OFFできるようにしました．詳しくは第4章で解説します．

● 最大出力

ヘッドホンは，メーカーや機種によって能率にかなりの違いがありますが，ヘッドホンを十分な音量で鳴らすには最低でも20mW，すなわち0.02Wくらいのパワーが必要で，大音響を余裕をもって鳴らすには50mW程度のパワーが必要です．

ちなみに，モバイルのポータブル・オーディオ・プレーヤの最大出力は10mWから30mWくらいのものが多いようですが，据え置きタイプのヘッドホン・アンプになると最大出力は100mWくらいのものから1W以上のものまであります．

現実的には大音量で長時間聞き続けた場合，確実に耳の有毛細胞を痛めて難聴になりますので，パワーばかり競うのではなく高品位の50mWが得られればよしとします．

● 雑音性能

市販のヘッドホン・アンプでも，結構「サー」「シー」というノイズが聞こえるものがありますが，本書の製作ではほとんど聞こえない無音に感じるくらいの低雑音性能をめざします．数値的には，残留雑音は30μV以下(聴感補正なし，帯域80kHzにおいて)を十分に下回ることをめざします．これくらいの静かさであればヘッドホンを装着してもほとんど無音といえるでしょう．しかし，感度が高いイヤホンの場合は30μVでもノイズが気になることがありますので，できれば15μV以下を実現したいところです．

● 音のクオリティ

自作オーディオの醍醐味(だいごみ)はなんといっても「自分の手で作る」ことにあると思いますが，だからといってメーカー品に劣っていたのでは面白くありませんね．ご自分の作品が，みなさんがお持ちのポータブル・オーディオ・プレーヤやCDプレーヤについているヘッドホン端子につないだときよりも劣る音だったらわざわざヘッドホン・アンプを作る意味は半減してしまいます．

少々贅沢(ぜいたく)な望みかもしれませんが「手持ちのオーディオ機器よりも音が良い」，「音にうるさい家族に褒められた」というあたりのレベルを目標としたいと思います．

● 電源

モバイル・オーディオ機器の出力信号レベルが1Vどまりなのはバッテリの制約があるからです．本書で製作するヘッドホン・アンプは，電池などの消耗する電源ではなく商用電源(AC100V)を使います．全消費電力は5W以下に収めたいところです．

誰でも無理なく作れることを考えて，廉価でそのまま使える市販品のACアダプタ(DC15Vスイッチング電源)を使うことにします.

● 要求仕様

以上のことを考慮して決定したヘッドホン・アンプの要求仕様は以下のとおりです.

- **入力**：ラインレベル(iPod，iPhone，BluetoothレシーバやCDプレーヤに適合)
- **入力インピーダンス**：20kΩ～50kΩ
- **入力端子**：RCAピン・ジャックまたは3.5mmステレオ・ミニ・ジャック
- **利得**：0dB～10dB(1倍～3倍)
- **周波数特性**：10Hz～100kHzほぼフラット
- **ローパス・フィルタ**※：40kHz，－12dB/oct
- **ひずみ率**：0.03％以下(16Ω～150Ω負荷，1kHz，10mW)
- **残留ノイズ**：30μV以下(聴感補正なし，帯域80kHz)
- **適合負荷インピーダンス**：16Ω～150Ω
- **最大出力**：50mW以上(16Ω～150Ω負荷，100Hz～10kHz，ひずみ率0.1％以下)
- **出力端子**：1/4インチ・ステレオ・フォーン・ジャック，3.5mmステレオ・ミニ・ジャック
- **電源**：市販のACアダプタ(DC15V出力)

■ 音の良いオーディオ・アンプへの道

オーディオ・アンプは物理特性がすべてではありませんが，1つのアンプの改良過程では，音質のグレードアップと物理特性の改善との間には強い相関があります．本書に登場する一連のヘッ

※スマートフォンやBluetoothレシーバから漏れてくるデジタル・ノイズに対応するために用意.

ドホン・バッファやヘッドホン・アンプは，改良を重ねるたびに物理特性の向上とともに音質のグレードアップも得られました．

1台の音の良いヘッドホン・アンプを作ることができたら，そこがゴールなのではなくそこに再び新たな要求や期待が生まれ，工夫と改良が始まります．そういう意味では，本書に登場するヘッドホン・バッファやヘッドホン・アンプは，そのいずれもが最終形ではなく必ずどこかにさらに良くなる道が隠れています．

そしてより良い音を手に入れるために最も大切なのは，こんな音で聴きたい，こんな音が好きだという自分らしいゴールを持つことです．そのようなゴールなしに，何台ものヘッドホンやオーディオ・アンプを比較視聴しても得るものはないでしょう．

第2章

トランジスタ，ダイオード，OPアンプの実用知識

■ 本書に登場する半導体

半導体の代表といえばトランジスタですが，より正確にはバイポーラ・トランジスタと言います．FET(電界効果トランジスタ)もトランジスタの一種ですし，ダイオードも電子回路には欠かすことができない半導体です．OPアンプも，その中身は半導体の集まりです．本書に登場する半導体をすべて列挙したのが**表2-1**です．

■ トランジスタ

● トランジスタの3本足

トランジスタは3本の足を持ち，それぞれベース(B)，コレクタ

表2-1　本書に登場する半導体一覧

種 類	名 称	用 途
トランジスタ	2SA1015-GR	初段，中間段の増幅回路
	2SC1815-GR	初段，中間段の増幅回路
	TTA008B	出力段，電源回路
	TTC015B	出力段，電源回路
FET注	2SK30A，2SK246-GR，2SK2881	定電流回路
OPアンプ	OPA2134PA	ヘッドホン・アンプ
ダイオード	1N4007	カレント・ミラー回路
	1S2076A	バイアス回路，定電流回路
	BAT43，BAT46	バイアス回路
	LED	バイアス回路，電源インジケータ

注：本書ではFETは増幅素子として使用しないので詳しい解説は省略します．

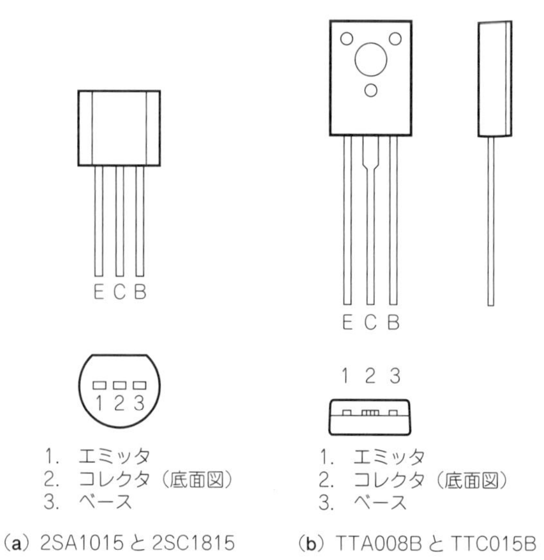

（a）2SA1015と2SC1815　　（b）TTA008BとTTC015B

図2-1　トランジスタの足の順序

(C)，エミッタ(E)と呼びます．

本書に登場する4種類のトランジスタの足の順序は**図2-1**のとおりで，すべて印字面に向かって「E-C-B」の順序となっています．これは底面図ですが，上から見た図と間違えて逆向きに取り付けるミスが非常に多いので注意してください．

足の順序はトランジスタごとにまちまちなので，使用する際は必ず半導体メーカー・サイトあるいはネット上のデータベース※を使ってデータシートを入手してチェックしてください．

2SA1015と2SC1815は小信号・小電力用であるため小豆程度の小さい塊ですが，TTA008BとTTC015Bは中電力用なのでサイズがやや大きく，必要に応じて放熱板に取り付けるためのビス穴が開いています．

※半導体データシートが閲覧できるフリーのインターネット・サイト　http://www.datasheetcatalog.com/

● トランジスタの基本的性質

トランジスタには，バイポーラ・トランジスタ(Bipolar Junction Transistor)とFET(電界効果トランジスタ，Field Effect Transistor)の2種類があり一般的には前者をトランジスタと呼び，後者をFETと呼びます．本書の製作ではもっぱらバイポーラ・トランジスタ(以後トランジスタと呼ぶ)を使用しますが，一部の回路でFETも登場します．

トランジスタには非常によく似た電気的性質を持ちながら電流の方向が全く逆のNPNトランジスタとPNPトランジスタの2種類があります(**図2-2**)．

トランジスタに流れる3つの電流，ベース電流(I_B)とコレクタ電流(I_C)とエミッタ電流(I_E)と電圧には互いに次の関係があります．

(1) コレクタ電流はベース電流によって制御され，コレクタ電流はベース電流のh_{FE}倍

$$I_C = I_B \times h_{FE}$$

(2) ベース電流はコレクタ電流と合流してエミッタ電流になる

$$I_E = I_B + I_C$$

(3) h_{FE}が十分に大きいときはコレクタ電流とエミッタ電流は同じとみなせる

$$I_C \fallingdotseq I_E$$

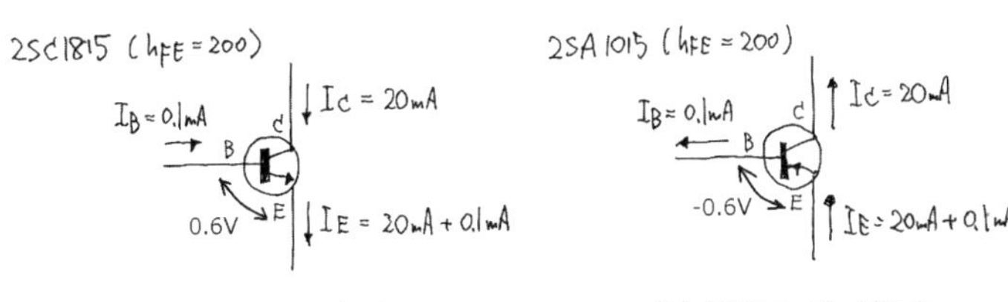

(a) NPNトランジスタ　(b) PNPトランジスタ

図2-2　トランジスタの記号と電流

(4) ベース～エミッタ間電圧(V_{BE})は約0.6V

$V_{BE} \fallingdotseq 0.6\mathrm{V}$

(5) コレクタ～エミッタ間電圧(V_{CE})は自由に変化することができ，コレクタ電流(I_C)はその影響をほとんど受けない

この(1)から(5)までを暗記して使いこなせるようになっていれば，トランジスタ回路のDC設計や回路の解析ができるようになります．

h_{FE}はトランジスタの電流増幅率です．トランジスタは製造過程でさまざまな値のh_{FE}のものができてしまうので，できたものをh_{FE}値ごとにランク分けして販売されます．2SC1815の場合は，OランクからBLランクまで4つに分類されています．

Oランク：　70～140
Yランク：　120～240
GRランク：200～400
BLランク：350～700

● トランジスタの3つの基本回路

トランジスタを使って増幅回路として動作をさせるとき，3本足のうちの1つが入出力共通の基準点となり，残った2つのうちの1つが入力，もう1つが出力になります．エミッタ，ベース，コレクタのいずれを入出力共通の基準点とするかによってそれぞれ，

「エミッタ共通(コモン)回路」
「ベース共通(コモン)回路」
「コレクタ共通(コモン)回路」…別名エミッタ・フォロワ

と呼びます(**図2-3**)．

これらはそれぞれ「エミッタ接地回路」，「ベース接地回路」，

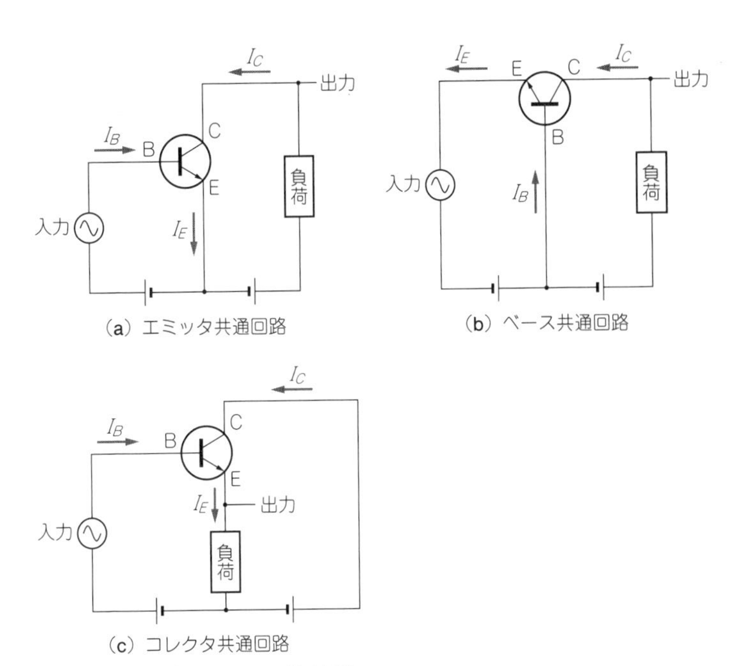

図2-3 トランジスタの3つの基本回路

「コレクタ接地回路」という呼び方で習った方も多いと思いますが，回路の使い方で必ずしもアース(接地)しないで使うため，混乱を避けるために徐々に「接地回路」ではなく「共通回路」と呼ぶようになりました．

▶エミッタ共通回路… [図2-3(a)]

オーディオ・アンプを構成する増幅回路のほとんどはエミッタ共通回路で，これなしではアンプは成り立ちません．高い電圧利得が得られること以外はすべてが中くらい(中途半端)なので，案外設計が難しくバランス感覚とセンスが要求されます．

▶ベース共通回路… [図2-3(b)]

これが単独でオーディオ・アンプとして使われた例はほとんどなく，かつてMCカートリッジ用のヘッドアンプとして製品化されたものがあるくらいでしょうか．しかし，他の回路と組み合わせた応用的な発展形は至る所で見ることができます．使いこなすには高い技量が求められます．

▶**コレクタ共通回路…［図2-3(c)］**

エミッタ・フォロワとして知られるこの回路は，電圧利得こそありませんが，高入力インピーダンスや低出力インピーダンスが要求される場面で重宝されます．本書に登場するダイヤモンド・バッファやSEPP回路はコレクタ共通回路の一形態です．わかりやすく使いやすい回路ですが，発振しやすいのでなめてかかると痛い目に遭います．

3つの基本回路の特徴と違いを**表2-2**にまとめておきます．

■ ダイオード

ダイオードは回路図上では**図2-4**のような記号で表記し，一般的に以下の性質を持っています．

(1)一方向にだけ電流を流し反対方向には流さない

(2)電流を流したときにダイオードの両端には種類ごとに一定の電圧が生じる．これを順電圧(V_F)という

(3)順電圧は流した電流に応じて比例的ではなく，ゆるやかかつ

表2-2　3つの基本回路の特徴

項 目	エミッタ共通回路	ベース共通回路	コレクタ共通回路
使用頻度	◎	△	○
電圧利得	大きい	大きい	1以下
電流利得	大きい	1以下	大きい
入出力の位相	逆相(逆転)	同相(変わらない)	同相(変わらない)
入力インピーダンス	中くらい	低い	高い
出力インピーダンス	高い	高い	低い
帯域特性	中くらい	広い	広い
入出力直線性	悪い	悪い	良い
安定度	中くらい	中くらい	低い

指数関数的に変化する
(4)順電圧は温度で変化する(温度に対して負の相関)

本書の製作例で使用したダイオードは，シリコン・ダイオード，ショットキ・バリア・ダイオード(SBD)そしてLEDの3種類です．第3章で登場するシリコン・ダイオードの1N4007は，**図2-4**の形をしており，電流の出口側にマーキングの帯があります．SBDも同様のマーキングがあります．

シリコン・ダイオードの順電圧は一般に約0.6Vとして知られていますが，精密に測定すると**図2-5**のようになります．1N4007の場合，順電圧が0.6Vになるのは順電流が1.7mAくらいのときで，

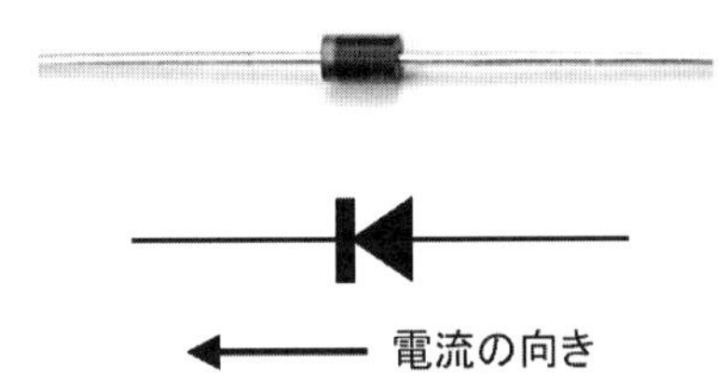

図2-4　ダイオードの形状と電流の向き

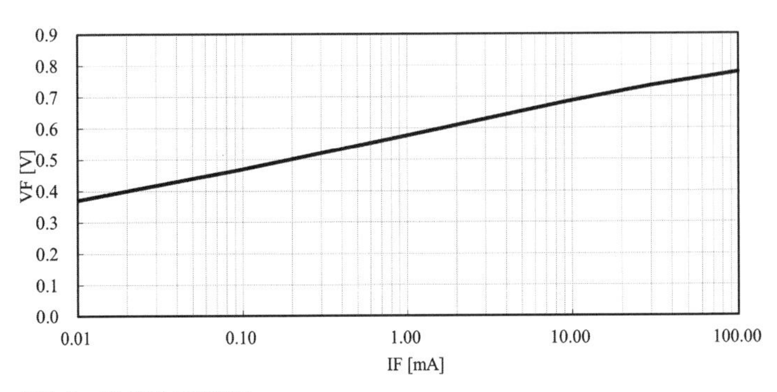

図2-5　1N4007の順電圧

順電流が10倍変化するごとに0.1Vの変化が生じます.

ショットキ・バリア・ダイオードの順電圧は0.2V〜0.5Vでシリコン・ダイオードの半分くらいなので, 電圧のロスを減らしたい場面でよく使われます.

LEDは**図2-6**のような形をしています. シリコン・ダイオードのような目立つマーキングはありませんが, 電流の入り口側(プラス側)のリード線が長いので識別できます. うっかりリード線を同じ長さに切ってしまうと向きがわからなくなるので注意してください.

LEDはインジケータとして認識できる程度の明るさで光るものから, 周囲を照らせるほどに明るく光る高輝度タイプ, リモコン用などのための赤外線を出すものなど多種多様です. インジケータ用として一般的なのは3mm径の砲弾型と呼ばれるもので, 本書の製作例で使用したのもこのタイプです.

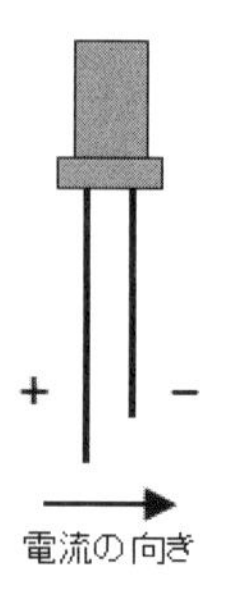

図2-6 LEDの形状と電流の向き

■ トランジスタとダイオードの「－2mV/℃」の話

半導体を使った電子回路を設計するときに必ず考慮しなければならないのは，ダイオードやトランジスタの温度特性です．

トランジスタのベース～エミッタ間電圧(V_{BE})とシリコン・ダイオードの順電圧(V_F)は一般に約0.6Vとして知られていますが，温度が1℃高くなるごとに1.7mV～2mV低下する性質があります．一般には約2mVと割り切って設計することが多いです．

－2mV/℃

トランジスタは回路動作時の発熱で50℃くらい温度が上昇することがありますが，これを0.6V程度といわれているベース～エミッタ間電圧にあてはめると，

－2mV/℃×50℃＝－100mV

という非常に大きな値となって回路動作に影響を与えます．

本書に登場するヘッドホン・アンプの出力段のSEPP回路アイドリング電流は，電源ON直後と10分後とでは値が10％～15％変化します．これは出力段のトランジスタの発熱によってベース～エミッタ間電圧が変化することの影響です．回路設計では，温度の影響でトランジスタのベース～エミッタ間電圧やダイオードの順電圧が変化しても回路動作に不都合が生じないような工夫が必要です．このような回路設計上の手当てを温度補償と言います．

■ OPアンプ

Wikipediaによると，OPアンプとは「非反転入力端子(＋)と反転入力端子(－)と，1つの出力端子を備えた増幅器の電子回路モジュール」であると書かれています．

図2-7がOPアンプの記号です．V_+が非反転入力で，V_-が反

転入力そしてV_{out}が出力です．電源はVs_{+}とVs_{-}から供給します．この表記ルールは他のOPアンプでも共通です．

OPアンプは，さまざまな増幅回路で汎用的に使うため以下の特徴を持っています(かっこ内はOPA2134の値)．

- 非常に大きな利得(1,000,000倍)
- 非常に高い入力インピーダンス(10MΩ)
- 非常に低い出力インピーダンス(0.01Ω)
- 幅広い電源電圧で動作(±2.5V～±18Vで動作)
- 高い安定性

OPアンプには，1つのパッケージに同特性のユニットが1個入りと2個入りと4個入りとがあり，2個入り(8pin)が一般的です．

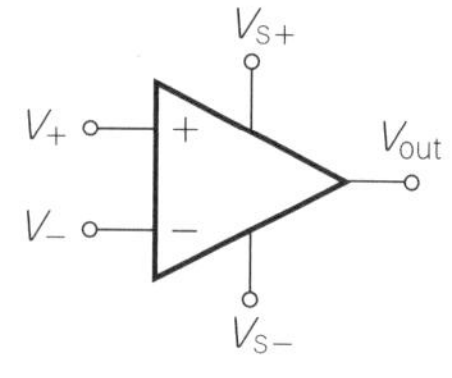

図2-7　OPアンプの記号

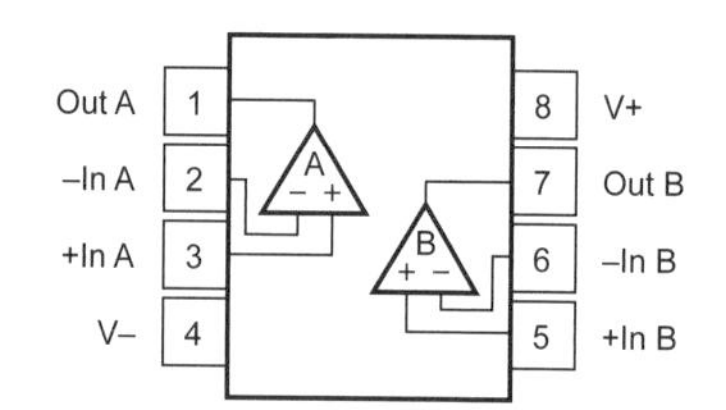

図2-8　OPアンプの内部接続
出典：TEXAS INSTRUMENTS　OPAx134 データシート

写真2-1　OPアンプいろいろ

2個入りの場合の内部接続は**図2-8**のとおりです．OPアンプを基板上に実装する際の向きは，1pin側についている○のマーキングで判別できます(**写真2-1**)．

第3章

高音質なヘッドホン・バッファ

■ ヘッドホン・バッファとは

オーディオ回路にはバッファ・アンプという考え方があります．基本的に利得は1倍すなわち増幅しないアンプですが，入力側および出力側の接続の状態や負荷の条件が変化しても，入出力間で互いに影響し合わないバッファ的な性質を持っています．

そこで，ヘッドホン出力端子を持たないオーディオ・ソース機材の出力とヘッドホンの間にバッファ・アンプを割り込ませることで，無理なくヘッドホンを鳴らせるのではないかと考えました．

第1章でヘッドホン・アンプには2～3倍の利得が必要であると書きました．しかし標準的なCDプレーヤやD-Aコンバータは約2Vrms(実効値：p.37コラム参照)の出力信号レベルがあります．これくらいの出力信号レベルがあればヘッドホンを鳴らすためには利得は必要ありません．増幅しない(利得＝1倍)バッファ・アンプでもヘッドホンを十分な音量で鳴らすことができます．

オーディオ回路では，利得のある/なしで設計が天と地ほども違ってきます．増幅しなくていいのであればシンプルで高性能な回路がたくさんあります．増幅しなくていいのであればリソースをすべてヘッドホンを駆動することに投入できます．このようなアンプを，ヘッドホン・バッファと呼ぶことにしましょう．

■ エミッタ・フォロワ型ヘッドホン・バッファ

● 回路の概要

コレクタ共通回路(エミッタ・フォロワ)を使ってヘッドホン・

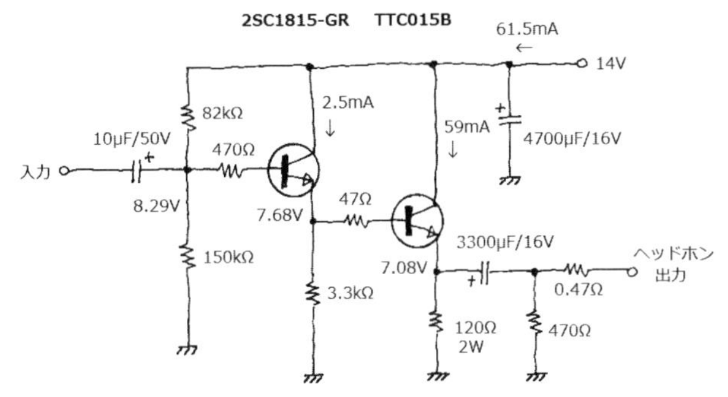

図3-1　エミッタ・フォロワ型ヘッドホン・バッファ

バッファとして使えるようにしてみたのが**図3-1**の回路です．トランジスタがたった2個のじつに簡単な回路ですが，かなりの音量でヘッドホンを鳴らすことができます．

ヘッドホンを駆動しているのは2段目のトランジスタTTC015Bで，コレクタ電流を59mAほど流しています．電源電圧が14Vで，TTC015Bのエミッタが7.08Vですから，コレクタ～エミッタ間電圧は6.92Vです．

TTC015Bのコレクタ損失は，

$$59\text{mA} \times 6.92\text{V} = 408\text{mW}$$

です．これくらいの発熱ならばTTC015Bはさほど高温になりませんし，コンデンサなど周囲にある熱に弱い部品を痛めることもありません．

エミッタから出力を取り出しており，3300μFのコンデンサで DCをカットしてからヘッドホン出力としています．エミッタ・フォロワ回路を2段重ねると発振しやすくなるので，念のためにベース側に47Ω，エミッタ側に0.47Ωの抵抗を入れてあります．

ヘッドホン出力～アース間のところに入れてある470Ωは，3300μFに溜まる電荷を逃がすためのものです．これがない状態で電源をONにしてからヘッドホンをつなぐとヘッドホンに過渡電流が流れて大きなポップノイズが出ます．

● 出力インピーダンスを求める

コレクタ共通回路の出力インピーダンスは，以下の式で概算できます．

$$出力インピーダンス = \frac{R_{in}}{h_{FE}} + \frac{26}{I_C} \cdots\cdots (3\text{-}1)$$

R_{in}：信号源インピーダンス［Ω］

I_C：コレクタ電流［mA］

R_{in}にあたるものは47Ωの抵抗※で，TTC015Bのh_{FE}は実測で180くらいでした．式中の26という値は定数です．I_Cは59mAです．出力と直列に0.47Ωがありますのでこれも足してやります．

これらを式(3-1)にあてはめるとこのようになります．

$$出力インピーダンス = \frac{47\Omega}{180} + \frac{26}{59\text{mA}} + 0.47\Omega = 1.17\Omega$$

出力インピーダンスは，トランジスタのh_{FE}が高いほど，コレクタ電流(I_C)が多いほど低くなることがわかります．

● 入力インピーダンスはどれくらいになるか

ヘッドホン・バッファが実用的であるためには，入力インピーダンスは十分に高い値であることが求められます．コレクタ共通回路の入力インピーダンスは，以下の式で概算できます．

$$入力インピーダンス = \left(R_L + \frac{26}{I_C}\right) \times h_{FE} \cdots\cdots (3\text{-}2)$$

R_L:負荷インピーダンスの合計

負荷となるのは，ヘッドホンのインピーダンス(33Ω)に0.47Ωを足したものと470Ωと120Ωの並列合成値です．ヘッドホンのイ

※厳密には前段の出力インピーダンスも計算に加える必要がありますが，十分に小さな値なので省略しました．

ンピーダンスが33Ωの場合の負荷インピーダンスの合計は24.8Ωになります．h_{FE}は180でI_Cは59mAですから，入力インピーダンスは以下のようになります．

$$入力インピーダンス=\left(24.8\Omega+\frac{26}{59\mathrm{mA}}\right)\times180=4.54\mathrm{k}\Omega$$

この値ではオーディオ・アンプとして低すぎるので，2SC1815によるコレクタ共通回路を1段追加しました．使用したのはGRランクです．

2SC1815段の入力インピーダンスを概算で求めてみます．エミッタの負荷となるのは4.54kΩと3.3kΩで，この並列合成値は1.91kΩですが47Ωがあるのでこれも足します．2SC1815-GRのh_{FE}の実測値は270でI_Cは2.5mAですから，入力インピーダンスは以下のようになります．

$$入力インピーダンス=\left(1.91\mathrm{k}\Omega+\frac{26}{2.5\mathrm{mA}}+47\Omega\right)\times270$$
$$=520\mathrm{k}\Omega$$

回路全体としての入力インピーダンスにはベース・バイアスを与えるための抵抗(82kΩと150kΩ)が加わりますので，これらを計算に入れると本機の入力インピーダンスは48.1kΩです．これくらいの入力インピーダンス値であればどのようなオーディオ・ソースにも対応できます．

● DC動作点を決める

TTC015Bに59mAのコレクタ電流を流したときのベース～エミッタ間電圧が0.6V，2SC1815-GRのベース～エミッタ間電圧は0.61Vくらいです．TTC015Bのエミッタ電圧を電源電圧の1/2の7Vくらいに落ちつかせるには2SC1815-GRのベースに8.1Vを与えるような回路定数を選ぶことになります．

2SC1815-GRのベース電流(約0.01mA)に対して82kΩおよび

150kΩに流す電流を多めにすることで2SC1815-GRのh_{FE}がばらついてもその影響を受けにくいようにしています.

最大振幅時のAC動作の解析

スピーカやヘッドホンを鳴らすアンプでは，負荷に対してどれくらいの信号電流を供給する能力があるかが設計上のポイントになります．この回路の信号電流供給能力について検証してみましょう．この回路が33Ωのヘッドホンを駆動したときの交流動作の様子を表したのが**図3-2**です．

(a)は信号が入力されていない初期の状態で，エミッタ電圧は

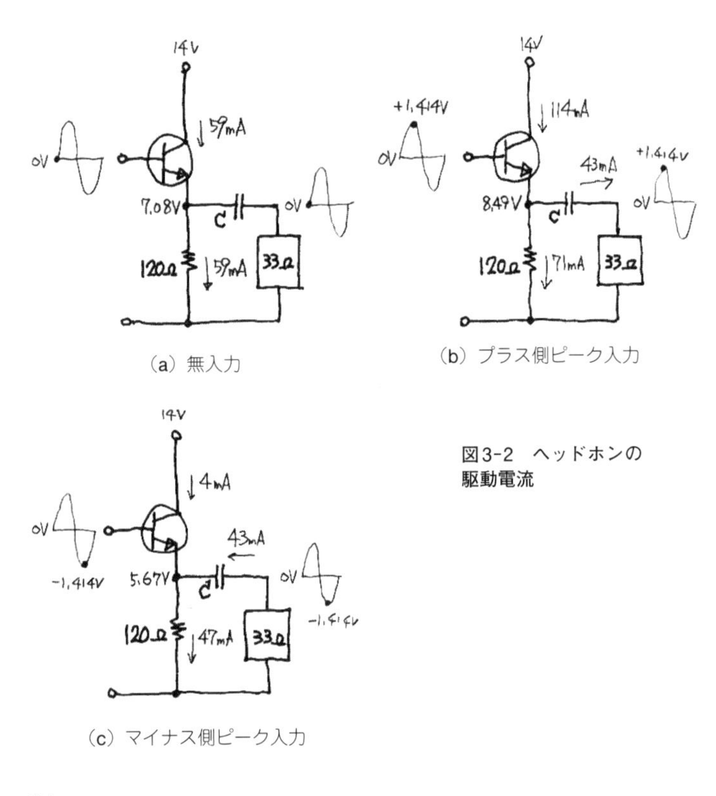

(a) 無入力

(b) プラス側ピーク入力

(c) マイナス側ピーク入力

図3-2 ヘッドホンの駆動電流

7.08Vです．120Ωとトランジスタには59mAのコレクタ電流が流れているだけで，ヘッドホン(33Ω)には電流は流れていません．

(b)は1Vrmsの信号が入力されたときのプラス側のサイクルのピーク(+1.414V)の瞬間を表しています．エミッタ電圧は1.414V増しの8.494Vになっており，エミッタからヘッドホン(33Ω)に向かって吐き出すように43mAが流れています．

(c)は1Vrmsの信号が入力されたときのマイナス側のサイクルのピーク(−1.414V)の瞬間を表しています．エミッタ電圧は7.08Vに対して1.414V減の5.666Vになっており，ヘッドホン(33Ω)からエミッタに向かって吸い込むように43mAが流れています．

このとき，TTC015Bは元々流れていた59mAを基点としてコレクタ電流を増減させ，その差分を使って負荷を駆動しています．ですから負荷を駆動する信号電流は元々流していた59mAを超えることはできません．(c)の場面ではコレクタ電流は4mAまで減っており，これ以上減らす余裕がわずかしかありません．この回路で33Ωのヘッドホンを駆動すると1Vrmsあたりが上限で，それ以上の出力を得ることは困難であることがわかります．

より大きな出力を得るには，2段目のコレクタ電流をもっと増やす必要があります．しかし，エミッタ・フォロワは出力インピーダンスは低いですが，電力を出力することに適した回路ではありません．消費電流や発熱量が増加した割に得られる効果は大きくないので，ここで欲張るのは得策ではありません．

● 実測特性

図3-3(a)は実測データをもとに，ヘッドホン・バッファのひずみ率特性を出力電圧［V］で表したもので，**図3-3(b)**は同じデータを使って出力電力［mW］で表したものです．33Ω負荷の線を見ると1Vあたりからひずみが急増しており，出力電圧の限界で

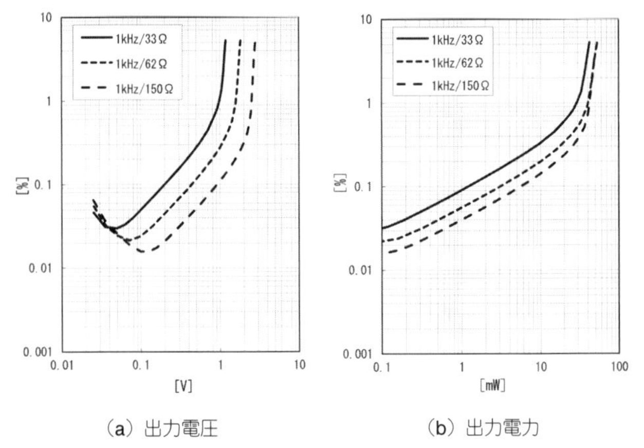

（a）出力電圧　　　　（b）出力電力

図3-3　エミッタ・フォロワ型ヘッドホン・バッファのひずみ率特性

あることがわかります．**図3-2**では1Vあたりが限界でしたから，実測結果とよく一致します．

出力電力でみると，0.1％の低ひずみで得られるのは33Ω負荷でたったの1mW，62Ω負荷では3mW，150Ω負荷では5mWほどです．ひずみ率を1％まで許容するとなんとか30mW～40mWが得られます．音が出るおもちゃとしてはいいかもしれませんが，当初の目標である「市販のヘッドホン・アンプに見劣りしない高音質」にはとうてい及びません．

● ひずみ率特性から残留ノイズを求める

ひずみ率特性のグラフでは、右上がりの曲線はアンプ自体のひずみを表していますが，左上がりの直線はひずみではなく残留ノイズの影響によるものです．そのため，左上がりの直線から残留ノイズの大きさを読み取ることができます．

出力電圧が0.03Vのときのひずみ率は0.04％くらいです．このことは0.03Vのオーディオ信号の中に0.04％のノイズが含まれていることを意味しています．

実効値とピーク値

交流電圧をテスターのACVレンジで測定して1Vと表示されたときの正弦波形は**図3-A**のようになっています．この波形は，プラス側の最大振幅のときの値は+1.414Vで，マイナス側の最大振幅のときの値は−1.414Vです．上端から下端までの幅は2.828Vもあるのにテスターは1Vと表示するのです．

交流は電圧も電流も時間とともに常に変化しています．瞬間的には最大1.414Vになりますが1Vのときもありますし0Vのときもあります．正弦波では電圧の平均が1Vになるためテスターは1Vと表示し，この値のことを実効値あるいはrms(Root Mean Square)値と呼びます．交流電圧や交流電流では，何も書かずにVやAという単位がついていたら実効値です．

実効値に対して最大振幅のことをピーク値と呼び，プラス／マイナス両側の最大振幅のことをピーク～ピーク(Peak to Peak)値，略してpp値あるいはp-p値と表記します．正弦波では，1Vと1Vrmsと2.828Vppとは同じ大きさです．

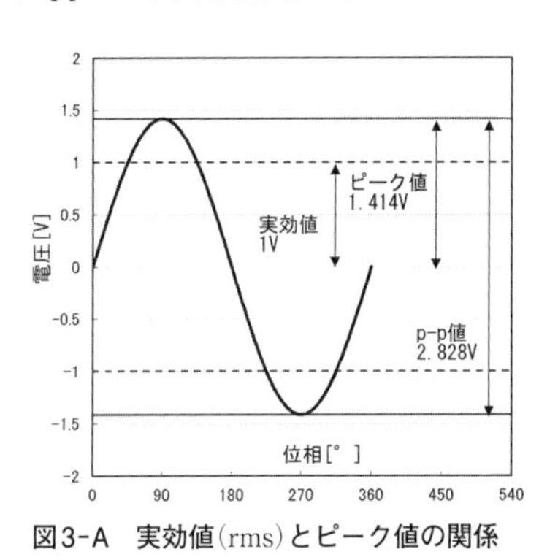

図3-A　実効値(rms)とピーク値の関係

$$0.03\text{V} \times 0.04\,\% = 0.012\text{mV}\ (12\mu\text{V})$$

80kHzの帯域で測定して12μVというのは超低雑音と言っていい値です．

● カレント・ミラー回路を使って改良する

エミッタ・フォロワ回路をそのまま使ったのでは満足のゆく特性は得られませんでしたが，カレント・ミラーという回路技術を使って工夫することでひずみ率特性を劇的に向上させることができます．

カレント・ミラー回路とは，その名のとおり回路上の2つの電流(カレント)が鏡(ミラー)に映したように同じ振る舞いをする回路です．

図3-4(a)がカレント・ミラーの基本回路です．左右2つのトランジスタが同じ特性の場合，右側のトランジスタのコレクタ電流と左側のトランジスタのコレクタ電流は(ほとんど)同じになります．

図3-4(b)は両方のトランジスタのエミッタ側に抵抗を追加しています．この場合，左右のトランジスタのコレクタ電流は抵抗値の比率に応じて変化するようになります．また左右の抵抗値が同じであればコレクタ電流は(a)の回路よりもより正確に同じになります．

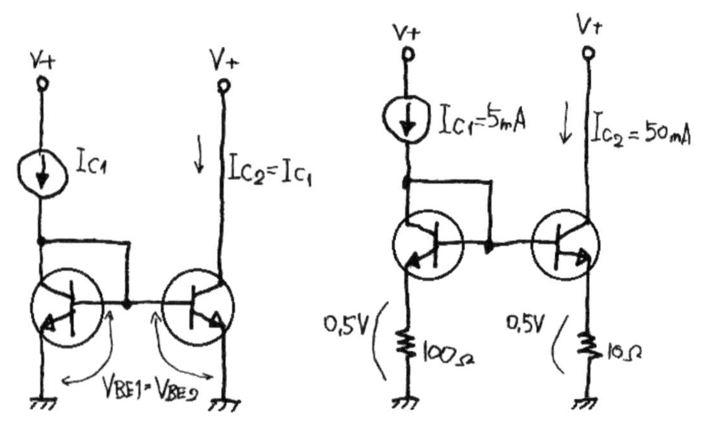

(a) 基本回路　　(b) エミッタに抵抗を追加

図3-4　カレント・ミラー回路の基本動作

● 改良されたヘッドホン・バッファ回路

実際に製作した改良版のヘッドホン・バッファは**図3-5**の回路です．基本は2段エミッタ・フォロワのままで，出力段はTTC015B（上側）で変わりません．しかし初段はPNPトランジスタの2SA1015-GRに変わりました．

カレント・ミラーを構成しているのは，シリコン・ダイオードの1N4007と下側のTTC015B，そして2つの抵抗器です．トランジスタではなくダイオードを使っていますがカレント・ミラーとしての性質は変わりません．

● 最大振幅時のAC動作の解析

上側のTTC015Bからみるとエミッタ抵抗（120Ω）がTTC015B（下側）に置き換わったことになり，しかも下側のTTC015Bは能動的な動きをして上側のTTC015Bを助けます．

オーディオ信号が入力されるとその振幅に応じて2SA1015-GRのコレクタ電流が変化します．その変化はカレント・ミラー回路の110Ωの両端電圧の変化として現れます．そしてカレン

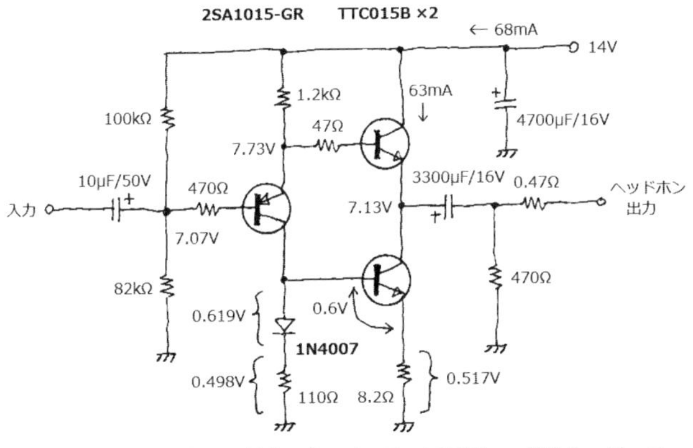

図3-5　カレント・ミラー付きエミッタ・フォロワ型ヘッドホン・バッファ

ト・ミラーの性質として8.2：110の比率でより大きな電流となって下側のTTC015Bのコレクタ電流を流そうとします．この回路が33Ωのヘッドホンを駆動したときの交流動作の様子を表したのが**図3-6**です．

(a)は信号が入力されていない初期の状態です．出力段には

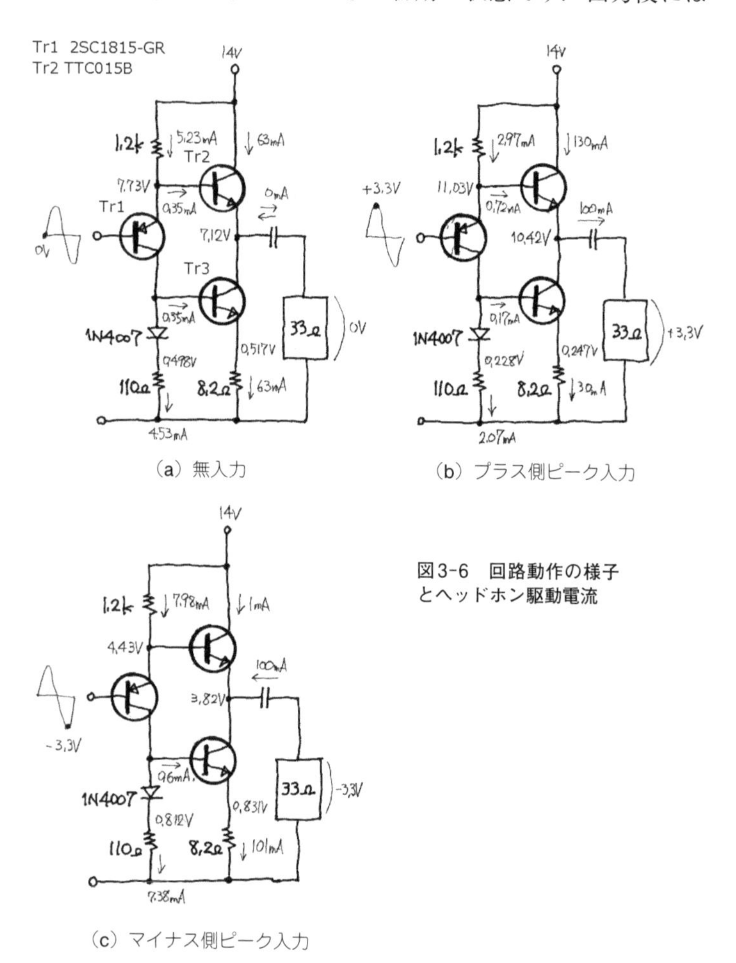

(a) 無入力

(b) プラス側ピーク入力

(c) マイナス側ピーク入力

図3-6　回路動作の様子とヘッドホン駆動電流

63mAのコレクタ電流が流れているだけで，ヘッドホン(33Ω)には電流は流れていません．

(b)は2.33Vrmsの信号が入力されたときのプラス側のピーク(+3.3V)の瞬間を表しています．エミッタからヘッドホン(33Ω)に向かって吐き出すように100mAが流れています．このとき，下側のTTC015Bのコレクタ電流は63mAから30mAに減っているため，その差分の33mAだけ下側のTTC015Bの負担が軽くなっています．

(c)は2.33Vrmsの信号が入力されたときのマイナス側のピーク(−3.3V)の瞬間を表しています．ヘッドホン(33Ω)からエミッタに向かって吸い込むように100mAが流れています．このとき，下側のTTC015Bのコレクタ電流は101mAに増加しており，上側のTTC015Bのコレクタ電流はわずか1mAです．

このように，上下2つのTTC015Bが互いに協力し合って±100mAもの信号電流を引き出しています．

● 改善された実測特性

図3-7(a)は改良したヘッドホン・バッファのひずみ率特性を出力電圧［V］で表したもので，**図3-7**(b)は同じ実測データを使って出力電力［mW］で表したものです．33Ω負荷の線を見ると2.3Vあたりからひずみが急増し出力電圧の限界であることがわかりますから，**図3-6**と実測結果はよく一致します．

最低ひずみは0.004％となり，33Ωから150Ωに至るまで0.1％の低ひずみで60mW～150mWが得られています．ひずみ率特性のグラフから残留ノイズを求めると6μVとなり超々低雑音と言っていい値です．

図3-8は本回路の周波数特性です．5Hzから1MHzまでほぼフラットとなっており，オーディオ・アンプとしては過剰な広帯域特性となっています．

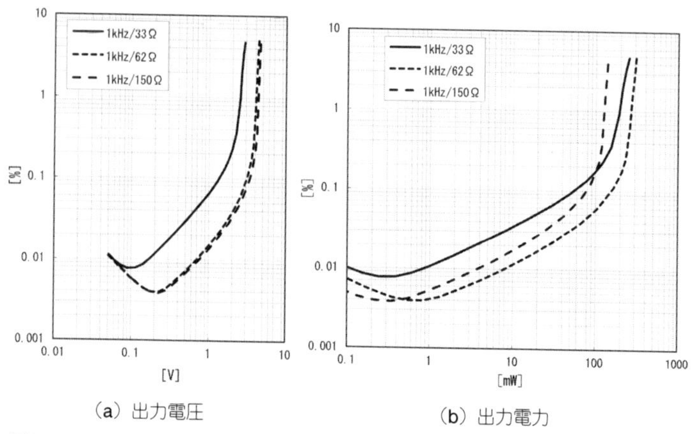

（a）出力電圧　（b）出力電力

図3-7　カレント・ミラー付きエミッタ・フォロワのひずみ率特性

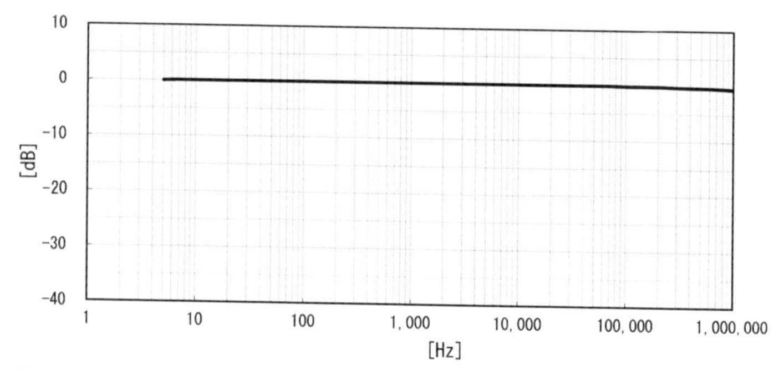

図3-8　カレント・ミラー付きエミッタ・フォロワの周波数特性

帯域が広すぎる点がちょっと気になりますが，出力もひずみ率特性の残留ノイズも申し分のない実用性のあるヘッドホン・バッファになりました．**表3-1**に改良前と改良後を比較してみました．

本機の音はナチュラルかつクリアで，超低域から超高域までバランス良くヘッドホンを鳴らします．深夜に耳を澄ませてみてもヘッドホンから本機のノイズを聞き取ることはできません．

トランジスタを使ったヘッドホン・アンプのほとんどは，出力

表3-1　カレント・ミラー回路による改良前後の比較

項　目	改良前	改良後
入力インピーダンス	約48kΩ	約40kΩ
利得	0.98倍(−0.16dB)	0.98倍(−0.16dB)
周波数特性	5Hz〜1MHz(−0.5dB)	5Hz〜1MHz(−0.5dB)
出力vsひずみ率(33Ω負荷)	30mW(1％THD)注	50mW(0.09％THD)
出力vsひずみ率(62Ω負荷)	30mW(0.5％THD)	50mW(0.03％THD)
出力vsひずみ率(150Ω負荷)	30mW(0.35％THD)	50mW(0.06％THD)
残留雑音	12μV	6μV
電源	＋14V	＋14V
消費電流(2ch分)	123mA	136mA

注：THD(Total Harmonic Distortion)全高調波ひずみ

段に次に紹介するSEPP回路を採用しています．ここで紹介したカレント・ミラーを使った回路方式は変則的なので，この方式を採用したヘッドホン・アンプはおそらく他に例がないと思います．しかし回路技術で工夫すればこんな変則的な回路でも申し分ない結果が出せるのが電子回路の面白いところです．

● 基板パターン

改良版のヘッドホン・バッファ(**図3-5**)を製作される方のために，ユニバーサル基板を使用した場合の基板パターン(電源回路の1部を含む)を紹介しておきましょう(**図3-9**)．使用したのはタカス電子製作所製のユニバーサル基板IC-301-72です．ジャンパ線には0.3mm径の銅線を使い，すべて表側にはわせて裏側の銅箔(どうはく)を併用した両面配線としています．**写真3-1**は完成した基板です．

■ SEPP型ヘッドホン・バッファ

● SEPP回路とは

SEPP(シングル・エンデッド・プッシュプル)回路は，NPNおよびPNPトランジスタを組み合わせたプッシュプル構造のエミッタ・フォロワ回路の一種です．SEPP回路の基本形は**図3-10**の

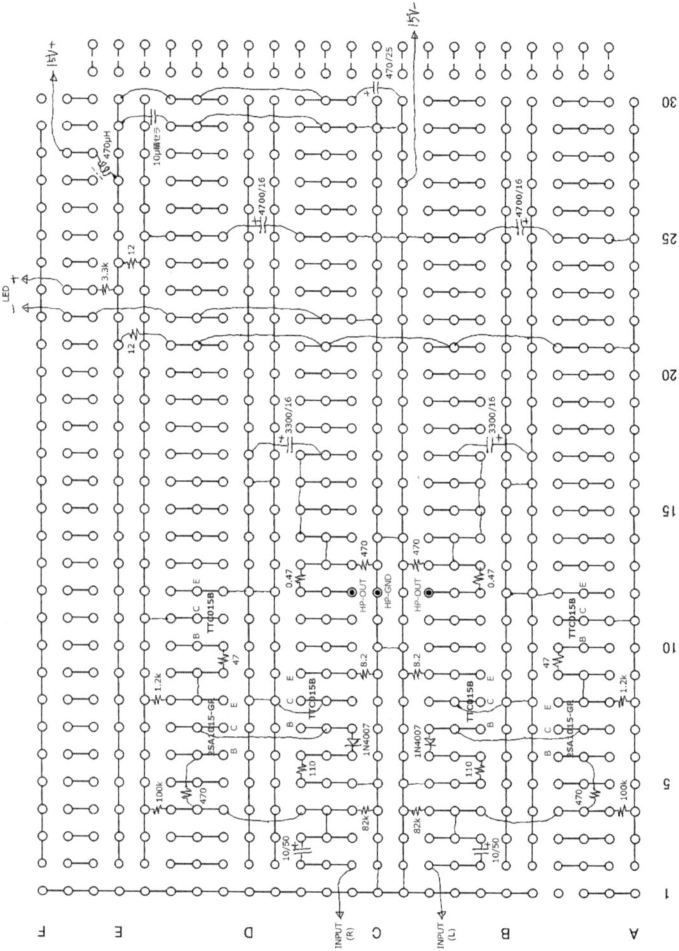

図3-9　改良版ヘッドホン・バッファの基板パターン(表側から見た図)

ような構造をしています.

NPNトランジスタとPNPトランジスタが互いに逆さまになりながら, 負荷側からみると電気的に並列になった一対のエミッ

写真3-1　改良版ヘッドホン・バッファの実験基板

タ・フォロワ回路を構成しています．

負荷を駆動する電流のうち吐き出し側(I_{out})は上側のNPNトランジスタが受け持ち，吸い込み側(I_{in})は下側のPNPトランジスタが受け持ちます．2つのトランジスタが役割分担をすることで大きな駆動電流を得ることができる回路です．SEPP回路は，大出力のパワー・アンプには欠かすことができない回路ですが，OPアンプの出力段にも使われています．これから先に登場する回路ではすべて出力段に採用しています．

回路図中の「Bias」回路は，両トランジスタに適切なコレクタ電流(アイドリング電流という)を流しておくために両ベース間に適切なバイアス電圧を与えるためのものです．エミッタ側に入れた2つの抵抗(R_E)は，トランジスタの熱暴走を防ぎ回路の温度安

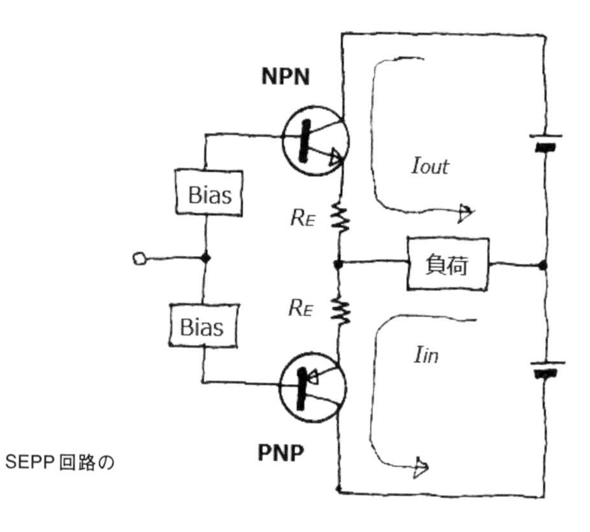

図3-10　SEPP回路の基本形

定を得るためには欠かせません.

● SEPP回路のアイドリング電流

SEPP回路にどれくらいのアイドリング電流を流しておくかについてはさまざまな考え方があります.

消費電流を節約したい場合は数mA程度まで減らすことも可能ですがひずみは増えます. このような動作をB級といいます. B級動作では, 吐き出し電流(I_{out})のときは上側トランジスタだけが働き, 下側トランジスタは何もしません. 同様に吸い込み電流(I_{in})のときは下側トランジスタだけが働き, 上側トランジスタは何もしません.

アイドリング電流をたっぷり流す動作をA級といいます. A級動作では吐き出し電流(I_{out})のときも吸い込み電流(I_{in})のときも, 上下両トランジスタが働いて負荷を駆動する電流を半分ずつ受け持ちます. 無理なく低ひずみが得られますが, 消費電流が多いだけでなく両トランジスタの発熱対策が必要になります.

A級とB級の中間的な動作をAB級といいます．本書に登場するSEPP回路はいずれも限りなくA級に近いAB級動作です．

● バイアス回路

本書に登場するヘッドホン・バッファおよびヘッドホン・アンプのSEPP回路のほとんどは，バイアス回路に赤またはオレンジ色のLEDを使用しています．このタイプのLEDを6mA程度の順電流で動作させたときの順電圧は，1.7V～1.9Vあたりになります．本書に登場するSEPP回路では，これくらいのバイアス電圧を想定しています．青色や白色や高輝度タイプのLEDは順電圧が高いので使えません．

出力段のアイドリング電流は，以下の4つの要素の相互関係で決まります．

- バイアス電圧(＝LEDの順電圧)
- 2つのエミッタ抵抗(5.6Ω)
- 出力段トランジスタのベース～エミッタ間電圧
- 周囲温度

アイドリング電流は，バイアス電圧が高いほど，エミッタ抵抗値が小さいほど，出力段トランジスタのベース～エミッタ間電圧が低いほど，周囲温度が高いほど多くなります．

バイアス電圧(＝LEDの順電圧)が1.78Vくらいのとき，アイドリング電流は50mAくらいになります．出力段トランジスタ1個あたりの消費電力は，

$$50\text{mA} \times 7\text{V} = 350\text{mW}$$

になります．アイドリング電流が70mAに増加したときは，

$$70\text{mA} \times 7\text{V} = 490\text{mW}$$

となりますが，これくらいであればまだまだ余裕があり十分に許容範囲です．

● エミッタ・フォロワ＋SEPP回路

図3-11はNPNトランジスタのTTC015BとPNPトランジスタのTTA008Bを使ったSEPPによるヘッドホン・バッファです．

SEPP回路だけでは十分に高い入力インピーダンスが得られないので，入力側に2SC1815-GRを使ったエミッタ・フォロワ回路を1段追加してあります．

バイアス回路にはオレンジ色のLEDを使いました．LEDに4.3mAを流したときの順電圧は1.73Vでした．この回路では，TTC015BとTTA008Bのベース～エミッタ間電圧と2つのエミッタ抵抗(5.6Ω×2)で生じる電圧の合計が1.73Vとなるような条件で均衡します．

均衡する条件を計算で正確に求めるのは難しいので大体の見当をつけて実験回路を組んでみたところ，アイドリング電流は46mAとなりました．0.608Vと0.604Vがベース～エミッタ間電圧で，0.518Vが2つのエミッタ抵抗で生じた電圧です．

$$0.608\text{V} + 0.518\text{V} + 0.604\text{V} = 1.73\text{V}$$

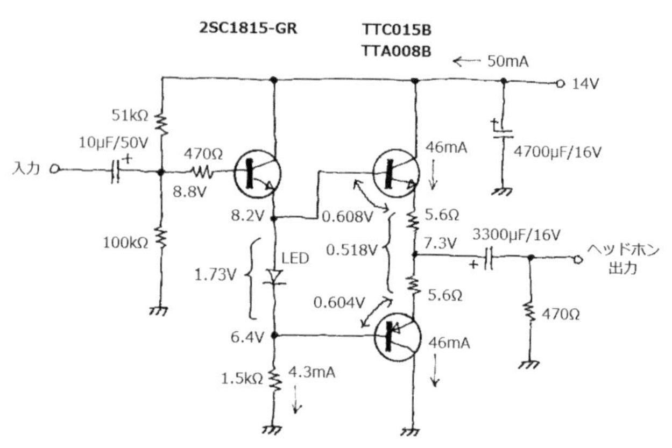

図3-11　SEPP型ヘッドホン・バッファ(改良前)

$$\frac{0.518\text{V}}{5.6\Omega \times 2} = 46.3\text{mA}$$

● 実測特性

図3-12はこの実験回路の実測特性データです．残念ながら十分に低ひずみとは言えません．ひずみを増やしている犯人は初段2SC1815-GRのエミッタ・フォロワ回路です．

エミッタ・フォロワ回路では，コレクタ電流は信号波形の振幅に追従してリニアに増減します．ところがベース～エミッタ間電圧はコレクタ電流の変化に追従して指数関数的(ノンリニア)に増減します．エミッタ・フォロワ回路は，入力と出力の間にノンリニアなベース～エミッタ間電圧がサンドイッチになっているために不可避的にひずみが生じるのです．

● エミッタ・フォロワ＋SEPP回路の改良

初段のエミッタ・フォロワ回路に低ひずみ動作をさせるためにちょっと工夫をしてみたのが**図3-13**の回路です．

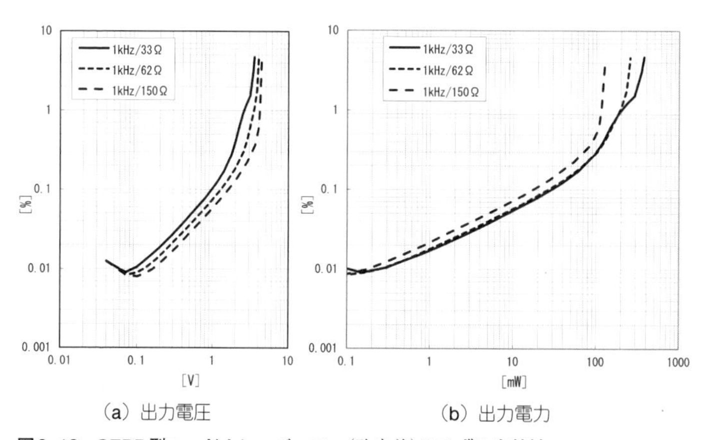

(a) 出力電圧　　(b) 出力電力

図3-12　SEPP型ヘッドホン・バッファ(改良前)のひずみ率特性

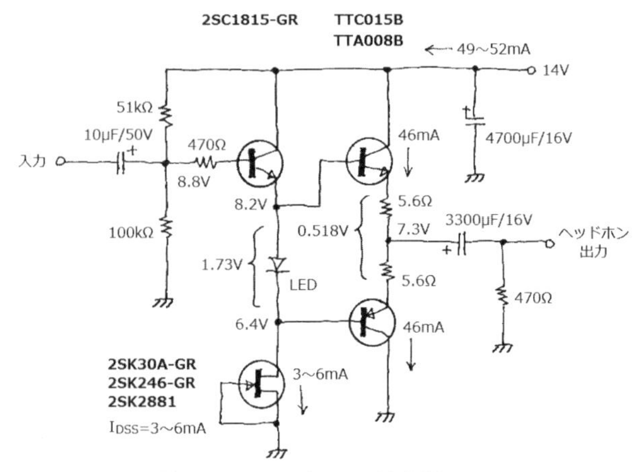

図3-13　SEPP型ヘッドホン・バッファ(改良後)

変更点は1ヶ所だけで，初段のエミッタ負荷抵抗(1.5kΩ)をJFET(JunctionFET：接合型FET)を使用した定電流回路に置き換えています．JFETは，ゲート〜ソース間をショートさせると定電流ダイオードになります．

この回路では初段のエミッタ負荷側が定電流化されているために信号が入力されてもコレクタ電流は一定で変化しません．そのためベース〜エミッタ間電圧も一定値を保つのでひずみが生じないのです．

● 定電流回路

初段のエミッタ側の負荷の代わりになるのは定電流回路であればよいので定電流ダイオードである必要はありません．トランジスタやダイオードを使って定電流回路を組んでもかまいません．**図3-14**は本回路で使用できる4種類の定電流回路の例です．

(a)定電流ダイオード

(b)2SK30A-GRなどのJFETを使った定電流回路

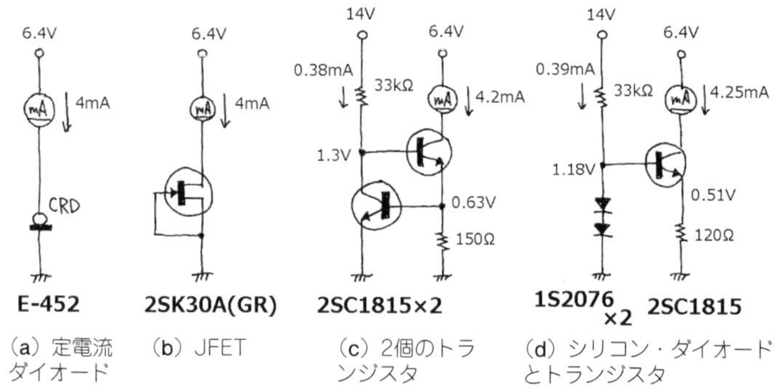

(a) 定電流ダイオード　(b) JFET　(c) 2個のトランジスタ　(d) シリコン・ダイオードとトランジスタ

図3-14　定電流回路いろいろ

(c)2個のトランジスタを組み合わせた定電流回路
(d)シリコン・ダイオードとトランジスタを組み合わせた定電流回路

● 改善された実測特性

図3-15は改良後のSEPP型ヘッドホン・バッファのひずみ率特性です．**表3-2**は改良の前後を比較したものですが，改良後は同じ50mWを得たときのひずみ率が1/5～1/7に減っています．残留雑音は7μVとなりきわめて静粛なヘッドホン・バッファとなりました．

■ ダイヤモンド・バッファ型ヘッドホン・バッファ

● ダイヤモンド・バッファとは

エミッタ・フォロワ回路とSEPP回路を組み合わせた回路にはさまざまなバリエーションがありますが，その中でもよく知られているのがダイヤモンド・バッファです．

図3-16は，ダイヤモンド・バッファの基本回路です．NPNトランジスタとPNPトランジスタを組み合わせた2段エミッタ・フォロワ回路ともいえるもので，4個のトランジスタがひし形(ダイ

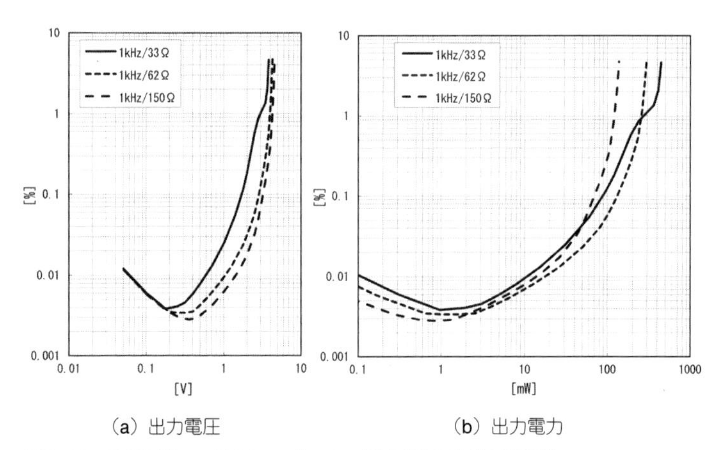

(a) 出力電圧　　(b) 出力電力

図3-15　SEPP型ヘッドホン・バッファ(改良後)のひずみ率特性

表3-2　SEPP型ヘッドホン・バッファの改良前後の比較

項　目	改良前	改良後
入力インピーダンス	約31kΩ	約33kΩ
利得	0.86倍(－1.3dB)	0.87倍(－1.2dB)
周波数特性	5Hz～1MHz(－0.5dB)	5Hz～1MHz(－0.5dB)
出力vsひずみ率(33Ω負荷)	50mW(0.15％THD)	50mW(0.04％THD)
出力vsひずみ率(62Ω負荷)	50mW(0.15％THD)	50mW(0.022％THD)
出力vsひずみ率(150Ω負荷)	50mW(0.2％THD)	50mW(0.04％THD)
残留雑音	8μV	7μV
電源	＋14V	＋14V
消費電流(2ch分)	100mA	98mA～104mA

ヤモンド)に配置されているのでこのような名前がつきました．出力段はSEPP回路です．

この回路が面白いのは前段の2つのトランジスタ(Tr_1，Tr_2)のベース～エミッタ間電圧の合計が，出力段(Tr_3，Tr_4)のバイアスを担っているという点です．そのためわざわざ後段のトランジスタのためのバイアス回路を必要としません．

NPNトランジスタとPNPトランジスタそれぞれを前段・後段で同特性のトランジスタを使用すると($Tr_1 = Tr_4$，$Tr_2 = Tr_3$)，各

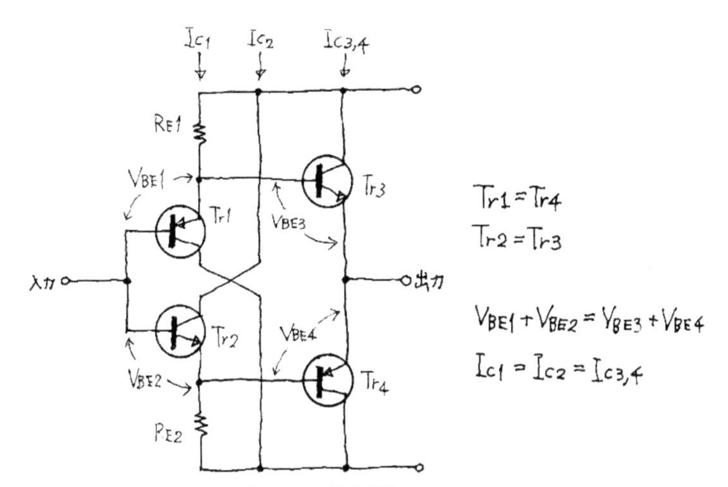

図3-16　ダイアモンド・バッファの基本回路

トランジスタのコレクタ電流(I_{C1}〜I_{C4})はすべて同じになります.

● 回路の説明

図3-17は, ダイヤモンド・バッファ回路を使って製作したヘッドホン・バッファの回路です.

前段のコレクタ電流は少なめにして, 出力段のコレクタ電流はたっぷり流したいので, ダイヤモンド・バッファの基本回路をアレンジしています. 2つの100kΩによって前段の2SA1015-GRと2SC1815-GRのベースに電源電圧の1/2の電位を与えます. 2SA1015-GR側はTTC015Bを経由してエミッタが出力となり, 2SC1815-GR側はTTA008Bの別ルートを経由してTTC015Bのエミッタ出力と合流してヘッドホンを駆動します.

出力段のバイアスは, 前段の2つのトランジスタのベース〜エミッタ間電圧に47Ωで生じた電圧を加えたものになります. 出力段のアイドリング電流は, 47Ωの値を変えることで調節可能です.

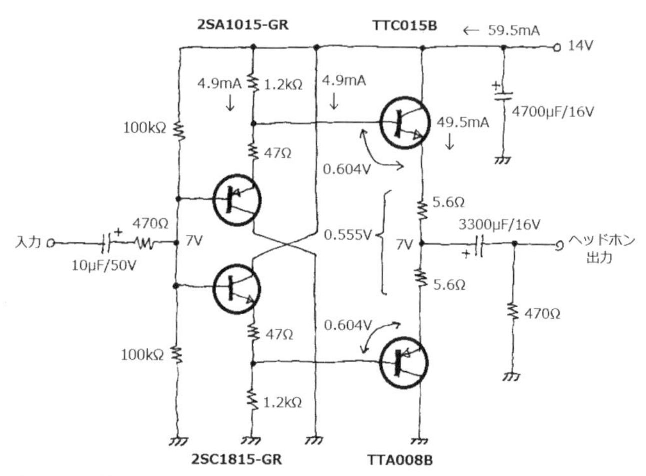

図3-17　ダイヤモンド・バッファ型ヘッドホン・バッファ

● 実測特性

ダイヤモンド・バッファ型ヘッドホン・バッファの特性をまとめたのが**表3-3**です．図らずもSEPP型ヘッドホン・バッファとほとんど同じになりました．

図3-18はダイヤモンド・バッファ型ヘッドホン・バッファの実測特性です．改良後のSEPP型ヘッドホン・バッファと非常によく似たひずみ率特性カーブとなりました．どちらも低ひずみと広帯域が得られており，高性能なヘッドホン・バッファとして通用します．

■ プラス電源回路

● ACアダプタを使う

本書で紹介している実験回路，ヘッドホン・バッファやヘッドホン・アンプはすべてDC14V，0.8A以上の電源で動作します．このような電源はスイッチング電源を使った市販のACアダプタを使えば容易に構成できます．

表3-3　ダイヤモンド・バッファ型ヘッドホン・バッファの特性

項　目	測定値
入力インピーダンス	約38kΩ
利得	0.88倍（－1.1dB）
周波数特性	5Hz～1MHz（－0.5dB）
出力vsひずみ率（33Ω負荷）	50mW（0.04％THD）
出力vsひずみ率（62Ω負荷）	50mW（0.025％THD）
出力vsひずみ率（150Ω負荷）	50mW（0.04％THD）
残留雑音	7μV
電源	＋14V
消費電流（2ch分）	119mA

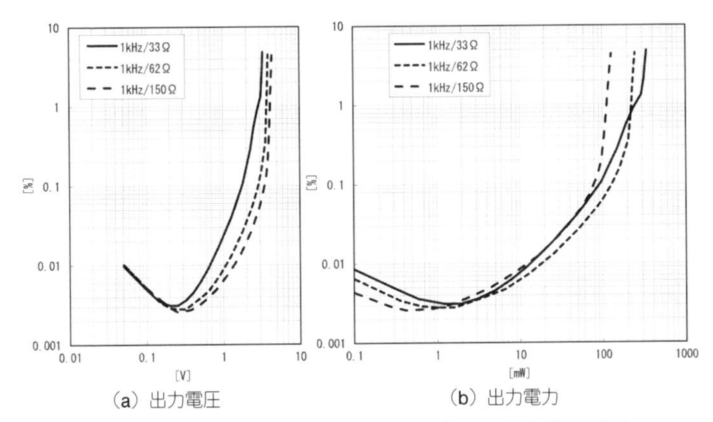

（a）出力電圧　（b）出力電力

図3-18　ダイヤモンド・バッファ型ヘッドホン・バッファのひずみ率特性

本書で使用したスイッチング電源方式のACアダプタは，秋葉原の店頭や通販で容易に入手できるものです．廉価ながら出力電圧は15V±1％と正確かつ安定化されており十分に低雑音です．

本書の製作に適するACアダプタの規格は以下のとおりです．

- **入力電圧**：AC100V～120V（国内用）またはAC100V～240V（ユニバーサル・タイプ）
- **出力電圧**：DC15V±1％
- **出力電流**：0.8A～2A

- **プラグ外径**：5.5mmが一般的
- **プラグ内径**：2.1mmが一般的(1.3mm，2.1mm，2.5mm，3mmなどがある)
- **センタープラス/マイナス**：通常はセンタープラス ⊖–◐–⊕

● ACアダプタを利用したプラス電源回路の説明

図3-19は，本書のプラス電源を使用するヘッドホン・バッファおよびヘッドホン・アンプで共通して使用できる電源回路です．

電源スイッチと並列に入れてあるのは，電源OFF時にスイッチの接点で発生する火花を抑制するスパーク・キラーです．スパーク・キラーは市販されていますが，単純に0.1μFのコンデンサと120Ωの抵抗器を直列にしたものなので自作できます．

スイッチング電源には数十mV～数百mVのリプルとスイッチング・ノイズが残留しています．帯域はかなり広く可聴帯域から高周波帯域に及びます．これらを除去するために簡単な*LC*フィルタを追加しています．使用したインダクタは470μHで電流容量は0.5A以上のもので，*DCR*(直流抵抗)は実測で約2.3Ωでした．コンデンサは高周波特性が良い積層セラミック・コンデンサ(10μF/25V)とアルミ電解コンデンサ(470μF/25V)のダブル構成です．

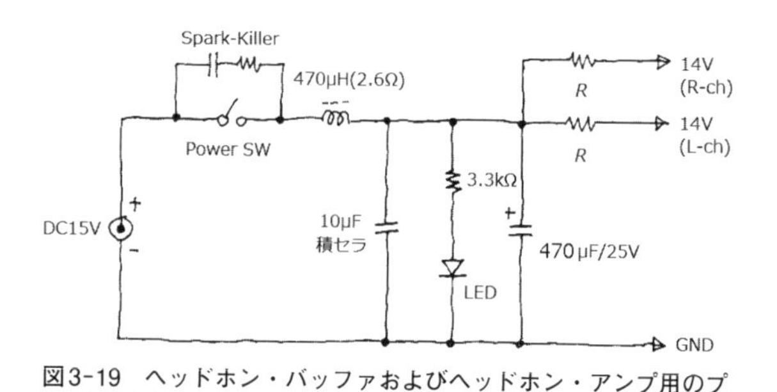

図3-19　ヘッドホン・バッファおよびヘッドホン・アンプ用のプラス電源回路

アンプ部へは抵抗器(R)で左右に分けて供給しています．こうすることで電源ライン経由でのオーディオ信号の左右チャネル間クロストークの劣化を防いでいます．

Rの値はアンプ部への供給電圧が14Vくらいになるように消費電流に応じて決めます．使用したインダクタのDCRが2.3Ωなので，これと組み合わせて約1Vの電圧降下になるようなRの値を求めればいいことになります．

$$\text{インダクタの電圧降下(V)} = \text{全消費電流(mA)} \times \frac{\text{インダクタの}DCR(\Omega)}{1000}$$

$$R(\Omega) = \frac{(1 - \text{インダクタの電圧降下(V)}) \times 1000}{\text{片チャネル消費電流(mA)}}$$

消費電流(両チャネル)が100mAでインダクタのDCRが2.3ΩのときのRの値は次のようになります．

$$\frac{100\text{mA} \times 2.3\Omega}{1000} = 0.23\text{V}$$

$$\frac{(1 - 0.23\text{V}) \times 1000}{50\text{mA}} = 15.4\Omega$$

この電源回路を使用するヘッドホン・バッファおよびヘッドホン・アンプごとのRの値を**表3-4**にまとめました．なおRの値に厳密さは要求されませんので，15Ωとしておけばすべての回路で共用できます．

● 電源ON時の過渡電流

電源～アース間には，10μFと470μFのコンデンサがあります．左右各チャネルの電源に入れた4700μFはヘッドホンを駆動する信号電流の重要な通り道なので，容量を減らしたり省略することはできません．

電源ON直後には、これらのコンデンサを充電するために非常

表3-4　消費電流と電源のRの値

回　路	消費電流	Rの値
エミッタ・フォロワ型ヘッドホン・バッファ(改良前)	61.5mA×2	13～15Ω
エミッタ・フォロワ型ヘッドホン・バッファ(改良後)	68mA×2	12～13Ω
SEPP型ヘッドホン・バッファ(改良前)	50mA×2	15～18Ω
SEPP型ヘッドホン・バッファ(改良後)	49mA～52mA×2	15～18Ω
ダイヤモンド・ヘッドホン・バッファ	59.5mA×2	13～15Ω

に大きな過渡電流が流れます．過渡電流がACアダプタの容量をオーバーすると，ACアダプタの過電流保護回路が作動してしまいます．過電流保護回路が作動すると，電源電圧が間欠的に低下して不安定になります．

これを防ぐために過渡電流を制限するしくみを組み込んであります．それがノイズ・フィルタのインダクタと左右チャネルを分けている抵抗Rです．使用したインダクタのDCRは約2.3Ωです．Rの値は13Ω～18Ωを想定して設計しています(**表3-4**)．これらの抵抗成分をACアダプタと各コンデンサとの間に入れることで，電源ON時の過渡電流が大きくなるのを防いでいます．

インダクタのDCRやRの値が小さいとACアダプタの過電流保護回路が誤作動してしまいます．また，コンデンサ容量を無暗(むやみ)に増やしても過電流保護回路の作動を引き起こします．回路を変更される場合は，電源ON時の過渡電流についても考慮してください．

第4章

デジタル時代のノイズ対策

■ デジタル・ノイズが音を劣化させている

カセット・テープやLPレコードといったアナログ・ソースの時代は，「サー」「パチパチ」といった耳につくノイズがつきものでした．デジタル・ソースに置き換わってからはそんなノイズがあったことすら昔話となり，オーディオはノイズからは開放されたかのように見えます．しかし，デジタル機器の多くは耳に聞こえない帯域で高いレベルのノイズを出すものが数多く存在し，それが新たなる問題となっていることに私たちは気づいていません．

● スマートフォンのノイズ

図4-1(a)は，iPhone8のイヤホン出力におけるひずみ率特性の実測データです．1Vのオーディオ出力において0.13 %のひずみ率を示していますが，これは波形自体がひずんでいるのではなく，デジタル由来の高周波ノイズの影響によるものです．このデータからは1.3mVものノイズが漏れていることがわかります．44kHzのローパス・フィルタを通してみると，ノイズ・レベルは一気に0.03mVまで下がり，ひずみ率特性も良好なものになりました．人の耳はこのノイズを直接聞くことはできませんが，ノイズの有無による音の違いははっきりと認識できます．

● Bluetoothレシーバのノイズ

図4-1(b)は，高音質で知られているBluetoothレシーバのアナログ出力におけるひずみ率特性の実測データですが，0.35mVほ

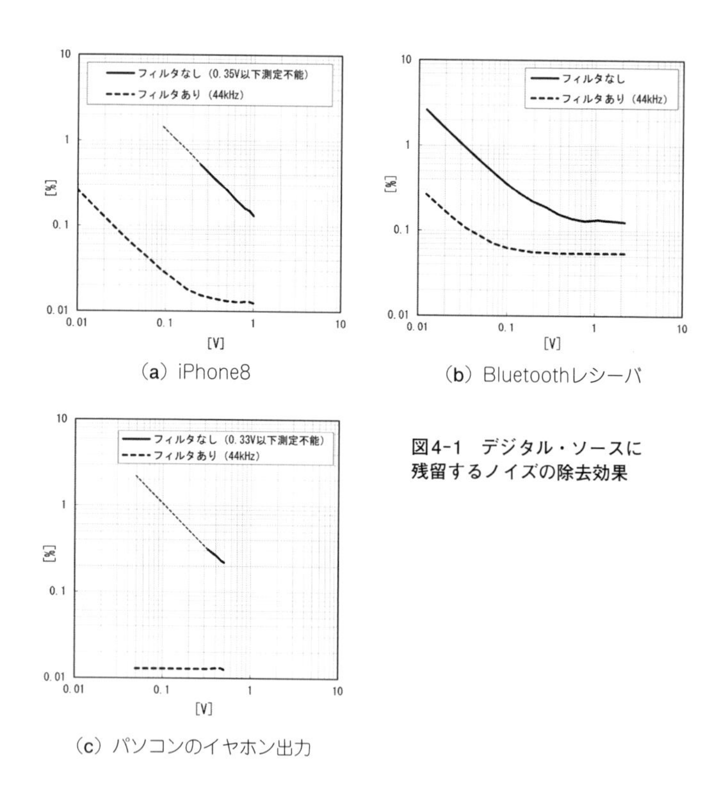

（a）iPhone8

（b）Bluetoothレシーバ

（c）パソコンのイヤホン出力

図4-1　デジタル・ソースに残留するノイズの除去効果

どのノイズが出ています．こちらも44kHzのローパス・フィルタを通すことでノイズ・レベルは0.03mVまで下げることができました．

● パソコンのイヤホン出力のノイズ

同様の現象はパソコンのイヤホン出力でも観測することができます［**図4-1(c)**］．パソコンのイヤホン端子の音は10Hzから20kHzまでフラットのワイドレンジかつ低ひずみなのですが，何故か妙にザラついて耳障りなひどい音に聞こえるのはこの種のノイズが原因です．

筆者が使用している3台のWindowsパソコンのイヤホン出力を測定してみたところ，いずれもひずみ率計が誤動作するほどひどいノイズがありました．ところが，44kHzのローパス・フィルタを通してやると0.013％の低ひずみに変貌しました．

■ 可聴帯域外をカット

これからの時代のオーディオ・アンプには，パソコンやiPhoneやBluetoothレシーバといったデジタル・ソース機器から漏れてくる可聴帯域外のノイズを除去するフィルタが必要です．

今日の高性能なオーディオ・アンプはいずれも広帯域ですから，そのままではデジタル由来の高周波ノイズを素通ししてしまいます．広帯域であることがかえって仇(あだ)になっています．

特に本書で取り上げているヘッドホン・バッファやヘッドホン・アンプはいずれも広帯域です．より良い音を求めるならば，40kHzあたりから上の帯域をスムーズにカットするローパス・フィルタ(LPF)を実装する必要があります．本書で製作するヘッドホン・バッファやヘッドホン・アンプに限らず，デジタル・ソースを入力とするオーディオ・アンプには標準的に組み込むことをおすすめします．

製作したローパス・フィルタは，20kHzくらいまではフラットで，－3dBの減衰ポイントは41kHzあたりとなり，そこから上は－12dB/octの減衰をします．

■ ローパス・フィルタの設計

オーディオ機器間の接続は，低い出力インピーダンスで送り出し，高い入力インピーダンスで受けるいわゆる「ロー出しハイ受け」が基本です．「ロー出しハイ受け」に対応したローパス・フィルタの基本回路は**図4-2**のとおりです．

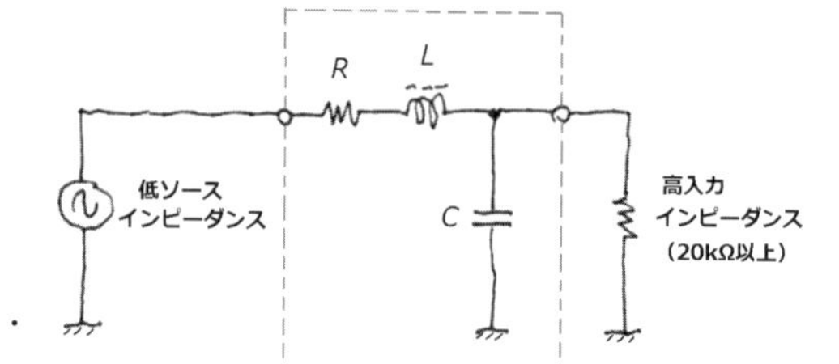

図4-2 LCローパス・フィルタの基本回路

● カットオフ周波数の設計

減衰を開始するカットオフ周波数はL(インダクタ)とC(キャパシタ)で決定されます(式4-1).

$$\text{カットオフ周波数[kHz]} = \frac{1}{2\pi\sqrt{LC}} \cdots\cdots (4\text{-}1)$$

単位はL[H], C[F]

たとえば, $L=4.7$mH, $C=0.0033\mu$Fの時のカットオフ周波数は,

$$\frac{1}{6.28\sqrt{(4.7\times10^{-3})\times(0.0033\times10^{-6})}} = 40.4\text{kHz}$$

になります.

● フィルタの肩特性の設計

減衰し始める部分のカーブの形状(肩特性)は, インダクタと直列に入れたR(抵抗)で決定されます.

Rの値が0Ωあるいは非常に低いときはカットオフ周波数付近に鋭いピークが生じますが, 適切な値を入れてやることでピークが消えて素直でなだらかな減衰カーブが得られます※.

上記のLC定数でRの値を変化させた時の実測周波数特性は**図4-3**のようになりました. 減衰カーブが素直な形になるのはR=1.3kΩ～1.5kΩのときです.

※さまざまなフィルタの特性を計算してくれるありがたいWebサイトはこちらです.
http://sim.okawa-denshi.jp/Fkeisan.htm(出典:Okawa Electric Deign)

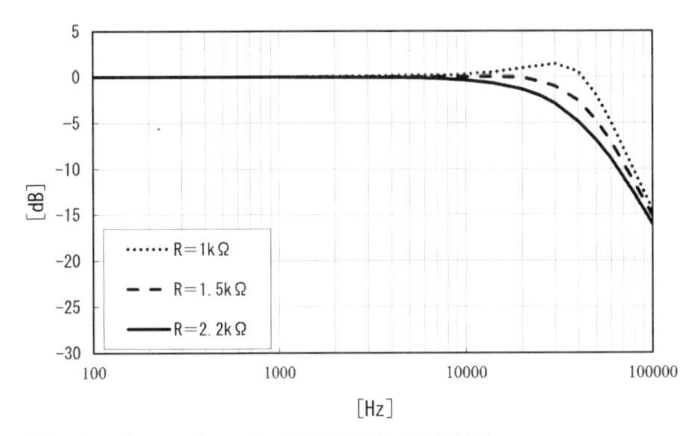

図4-3　*LC*ローパス・フィルタの実測周波数特性

■ ローパス・フィルタの実装

オーディオ・アンプに，どのようにローパス・フィルタを組み込んだらよいかを表したのが**図4-4**です．スイッチをOFF側にするとローパス・フィルタはスルーして解除され，ON側にすると有効になります．

ローパス・フィルタを入れる場所は，入力端子の直後でボリュームの手前です．ボリュームの後ろは，ボリュームのポジションによって回路インピーダンスが変動し，フィルタ特性が変化するので適切ではありません．

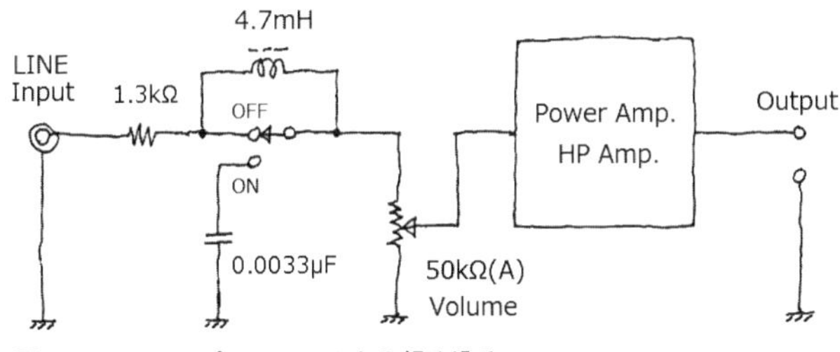

図4-4　*LC*ローパス・フィルタの組み込み

ソース側機材の出力インピーダンスの影響を考慮して，インダクタと直列に入れる抵抗値を調整しています．ソース側機材の出力インピーダンスが0Ω〜500Ωの範囲であれば，1.3kΩくらいがよいでしょう．

第5章

OPアンプでヘッドホンを鳴らす

■ OPアンプを使ったヘッドホン・アンプ

● 汎用のOPアンプでヘッドホンを鳴らしてみる

汎用のOPアンプがヘッドホン用として最適化されているかどうかはさておき，ヘッドホンを鳴らすことは可能です．インターネットを検索すれば，OPアンプを使ったシンプルなヘッドホン・アンプの作例はいくらでも見つかります．

図5-1は，OPアンプを1ユニットだけ使った最も簡単なヘッドホン・アンプです．回路は限りなくシンプルで±7V程度の電源を用意するだけでヘッドホンを鳴らすことができます．

しかし，第1章では汎用のOPアンプでヘッドホンを鳴らすと，OPアンプ本来の実力が発揮されないと書きました．それはどういう意味なのかこれから検証してみましょう．

● 回路の説明

OPアンプ・ユニットを1つだけ使ったヘッドホン・アンプで，

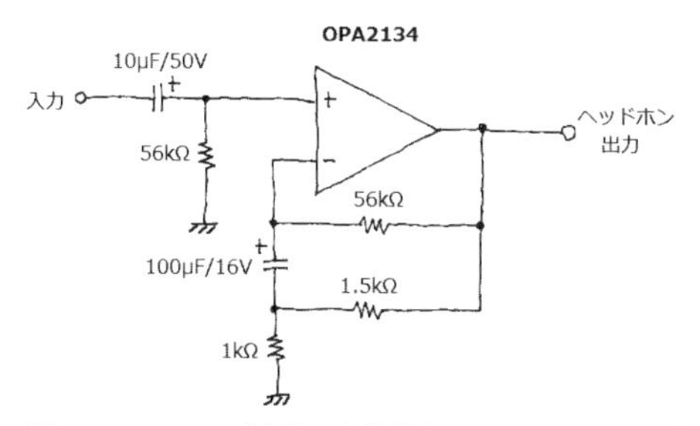

図5-1　OPアンプを使った簡単なヘッドホン・アンプ

±7Vの電源で動作します．利得は，56kΩと1.5kΩの並列合成値(1.46kΩ)と1kΩで決定されその自由度は広いです．

$$\text{利得}=1+\frac{\left(\dfrac{56\text{k}\Omega\times1.5\text{k}\Omega}{56\text{k}\Omega+1.5\text{k}\Omega}\right)}{1\text{k}\Omega}=2.46\text{倍}$$

利得はここでは2.46倍としていますが，オーディオ・ソース機器の出力信号レベルに合わせて，1倍から10倍以上まで設定できます．

1.5kΩをショート(0Ω)にすると実質的にボルテージ・フォロワ回路となって，利得は1倍になります．ボルテージ・フォロワ回路は，OPアンプを**図5-2**のように接続したもので，利得が1倍のバッファ回路の1つです．

OPアンプによってはボルテージ・フォロワ回路にできないものや10倍以下の低い利得で安定して動作しないものがあるので，メーカーが公開しているテクニカル・ドキュメント(インターネットで容易に入手できる)は必ずチェックしてください．

OPアンプには，入力初段の差動回路のデバイスにトランジスタを使ったタイプとFETを使ったタイプがあります．トランジスタを使ったタイプは，入力に微量ながらバイアス電流が流れますが，FETを使ったタイプではバイアス電流はほぼゼロです(**表5-1**)．

図5-1の回路は，どんなタイプのOPアンプでも差し替えができるように，バイアス電流の有無に関係なく回路が正常に動作をするように工夫してあります．そのために入力側はコンデンサを入れてDCを遮断し，OPアンプの＋(プラス)と－(マイナス)の2

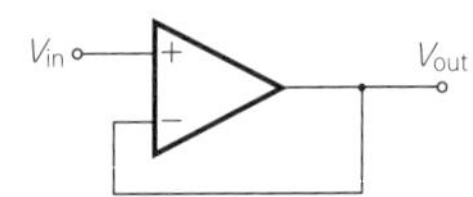

図5-2　ボルテージ・フォロワ回路

表5-1　OPアンプのバイアス電流

型　番	入力初段デバイス	バイアス電流値	バイアス電流の向き
OPA2134	FET	ほとんどゼロ	−
OPA2604	FET	ほとんどゼロ	−
LME49720	FET	ほとんどゼロ	−
LME49860	FET	ほとんどゼロ	−
MUSES8920	FET	ほとんどゼロ	−
NJM2114	NPNトランジスタ	0.5μA	吸い込み方向
NJM5532	NPNトランジスタ	0.2μA	吸い込み方向
NJM4558	PNPトランジスタ	−0.025μA	吐き出し方向
NJM4556A	PNPトランジスタ	−0.05μA	吐き出し方向
NJM4580	PNPトランジスタ	−0.1μA	吐き出し方向

つの入力にはともに同じ値(56kΩ)の抵抗をシリーズに入れてあります．バイアス電流が流れるタイプのOPアンプを使った場合でも，ほぼ同じ値の電圧降下が生じることでヘッドホン出力に現れるDCオフセットが生じにくくしてあります※．

入力のコンデンサを省略するとDCオフセットが大きくなってしまうだけでなく，ソース機材側でDC漏れが生じたときにそのDC漏れがヘッドホン出力にも及んでしまうので一人前のオーディオ・アンプとしては好ましくありません．

● 実測特性と課題

実測したひずみ率特性は**図5-3**のようになりました．使用したOPアンプは入手が容易でヘッドホン・アンプとしての自作例が多いOPA2134です．OPA2134は音に誇張がないバランスの良いOPアンプです．

150Ω負荷の線がOPアンプ本来の特性に最も近く，負荷インピーダンスが低くなるにつれて最大出力電圧がどんどん低下してひずみも増えています．

※バイアス電流の向きによっては2つのアルミ電解コンデンサに微量の逆電圧がかかりますが逆耐圧以下なので問題ありません．

OPアンプの電気的特性には，負荷に対してどれだけの電流を供給できるかを表した出力電流定格(Short-Circuit Current)があります．OPアンプを低インピーダンス負荷で動作させたとき，この値が負荷を駆動できる限界を決定します．OPA2134の出力電流定格は常温でおおよそ±44mAです．出力信号波形のピーク時にこの値を超えると波形はひずんでしまいます．

ピーク値で±44mAを実効値に直すと31mAになります．31mAの信号電流を33Ω負荷，62Ω負荷，150Ω負荷に流したときの出力信号電圧は以下のようになります．

33Ω負荷のとき　：1.03V(実効値)
62Ω負荷のとき　：1.93V(実効値)
150Ω負荷のとき：4.67V(実効値)

この数字をふまえてもう一度**図5-3**のグラフを見てください．33Ω負荷のときの低ひずみが保てる出力電圧は1.03V(32mW)で，62Ω負荷では1.9V(58mW)ですので上記の計算と一致します．150Ω負荷で一致しないのは出力電流ではなく電源電圧の制約の

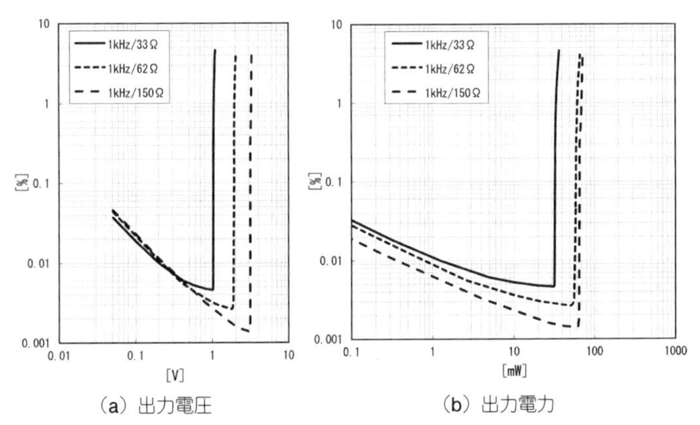

図5-3　OPアンプを使った簡単なヘッドホン・アンプのひずみ率特性

ためで3.1V(64mW)どまりです.

このようにOPアンプ単体で低インピーダンスのヘッドホンを鳴らそうとすると，出力電流定格がボトルネックになります.

● 負荷の駆動電流

負荷を駆動する電流の大きさは，スピーカやヘッドホンを鳴らすアンプの最大出力の限界を決定する要素の1つです.

図5-4は，負荷インピーダンスごとの出力と負荷駆動電流の関係を表したものです．50mWの出力を得るための負荷駆動電流は，16Ω負荷では56mAを必要としますが，32Ω負荷では39.5mAとなり，63Ω負荷では28.2mAで足りることがわかります.

OPA2134の出力電流定格(負荷駆動電流)の実効値は31mAなので，この値もグラフに書き入れてあります．OPA2134をそのまま使って得られる最大出力は，16Ω負荷では15.4mWしかなく，32Ω負荷では30.8mWとなり，63Ωでようやく60.5mWになります.

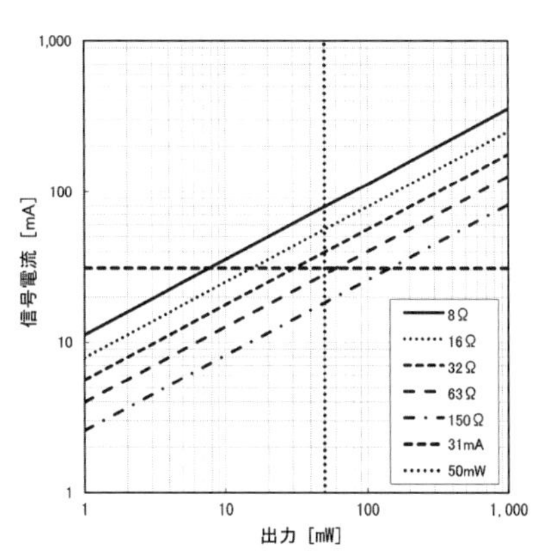

図5-4　出力と負荷駆動電流の関係

● OPアンプ＋SEPP回路

OPアンプ単体では，低インピーダンスのヘッドホンを余裕をもって鳴らすのが難しいことがわかりました．OPアンプの弱点は，ヘッドホン負荷を駆動する電流能力不足にありますから，もっと大きな負荷駆動電流が得られるSEPP回路を追加してやれば問題は解決します．この解決法は業務用アンプのライン出力でもよく採用されています．

図5-5は負荷駆動電流を強化した回路ですが，OPアンプとヘッドホン負荷との間にSEPP回路を割り込ませたことを除くと他の部分は**図5-1**の回路と全く同じです．

OPアンプの出力をSEPP回路のバイアス部のセンターにつなぐ必要があるため，バイアス回路にちょっとした工夫があります．シリコン・ダイオードと順電圧が低いSBD(ショットキ・バリア・ダイオード)を混ぜてバイアス回路を2分割できるようにしています．シリコン・ダイオードは1S2076Aです．1S1588など，ほとんどの小信号用シリコン・ダイオードが使えます．SBDは

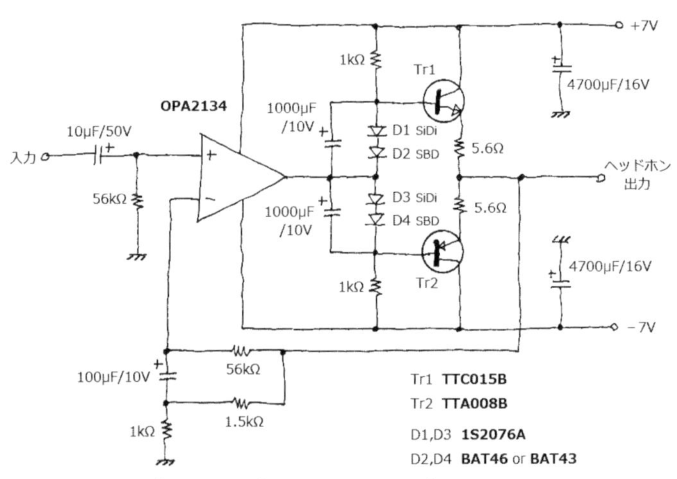

図5-5　OPアンプ＋SEPP回路ヘッドホン・アンプ

BAT46を使用しましたが，0.1A～1Aタイプの小型のSBDが使えます．

SEPP回路のアイドリング電流は，使用したSBDの順電圧によって50mA～70mAくらいの範囲でばらつきますが十分に許容範囲です．さらにバイアス用のダイオードは，それぞれ容量が大きめのコンデンサでバイパスさせています．このコンデンサを省略しても回路は正常に動作しますがひずみが増加します．

● 改善された実測特性

図5-6は，OPアンプ+SEPP回路ヘッドホン・アンプのひずみ率特性です．SEPP回路のおかげで負荷を駆動する電流の制約がなくなって余裕のある動作が得られています．最低ひずみ率は0.001％に届くようになりOPアンプ本来の実力が発揮されています．負荷インピーダンスの影響による出力低下がなくなったので，電源電圧の利用効率ぎりぎりいっぱいの3.2Vまでひずまなくなりました．

OPアンプ単体のときとSEPP回路を追加したときの比較を**表**

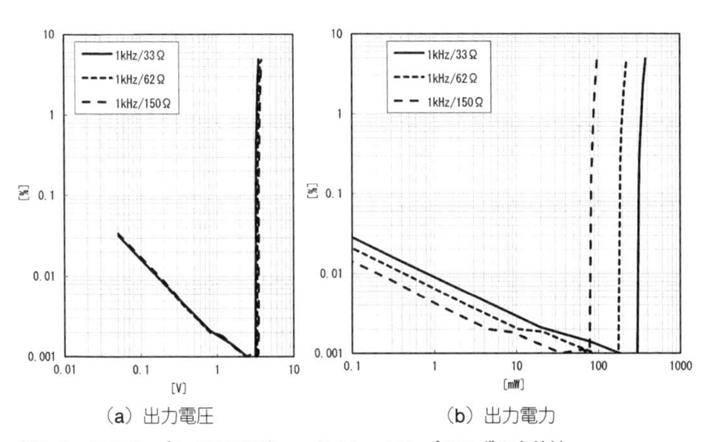

図5-6　OPアンプ+SEPP回路ヘッドホン・アンプのひずみ率特性

表5-2　OPアンプ単体とSEPP追加時の比較

項　目	OPアンプ単体	OPアンプ+SEPP
入力インピーダンス	約56kΩ	約56kΩ
利得	2.46倍(7.8dB)	2.46倍(7.8dB)
周波数特性	5Hz～1MHz(－0.5dB)	5Hz～1MHz(－0.5dB)
出力vsひずみ率(33Ω負荷)	32mW(0.005％THD)	300mW(0.001％THD)
出力vsひずみ率(62Ω負荷)	55mW(0.003％THD)	175mW(0.001％THD)
出力vsひずみ率(150Ω負荷)	63mW(0.0015％THD)	78mW(0.001％THD)
残留雑音[注]	18μV	16μV
電源	±7V～7.5V	±7V
消費電流(2ch分)	8mA～50mA	98mA～110mA

注：測定環境の影響で残留雑音が高めに出ている

5-2にまとめておきます．改善によって音響的にも明らかな変化がみられました．OPアンプ単体では音が詰まったような印象だったのが，のびやかで余裕を感じさせる鳴り方に変わりました．

なお，OPアンプ単体の場合，オーディオ信号の入力がないときの消費電流はごくわずかなので，電源電圧はほぼ±7.5Vになります．

■ 簡易型プラス・マイナス電源回路

● 擬似プラス・マイナス電源

OPアンプを使ったヘッドホン・アンプは，プラス7V，マイナス7Vの2電源を必要とします．プラス側の供給電流値とマイナス側の供給電流値が等しい場合は，1つの電源を2分割した擬似プラス・マイナス電源方式が使用可能です．

OPアンプでは，プラス側とマイナス側の電流の差は入力回路のバイアス電流だけなので，大きくても1μA程度とごくわずかです．そのため抵抗器2本による最もシンプルな擬似プラス・マイナス電源を採用することができます．

しかし，ヘッドホン・アンプに仕上げた場合はヘッドホン出力側に現れるDCオフセットの影響が無視できません．たとえば，

10mVのDCオフセットが生じているヘッドホン・アンプの出力に32Ωのヘッドホンをつなぐとヘッドホンには，

$$\frac{10\text{mV}}{32\Omega}=0.31\text{mA}$$

のDC電流が流れっぱなしになります．これがプラス側とマイナス側の電流バランスを狂わせ，2分割された電圧バランスも狂います．この問題を回避するには，本機のようにアンプ側の回路を工夫してDCオフセットが最小になるようにしたり，分割抵抗の抵抗値を小さくして電流差の吸収能力を高める必要があります．

● 回路の説明

OPアンプを使用したヘッドホン・アンプのための擬似プラス・マイナス電源の回路は，**図5-7**のとおりです．

2本の抵抗器(470Ω，1/2W型)で分割した擬似プラス・マイナス電源回路が，どれくらいの電流差の吸収能力があるか計算してみましょう．電源の直流域の内部抵抗は470Ωの1/2の235Ωですので，1μAのアンバランスあたり0.235mVの電圧変動となります．電流差が0.3mAのときで0.07V，2mAくらいになっても0.47Vの電圧変動に収まります．電源電圧のプラス側とマイナス側のこの

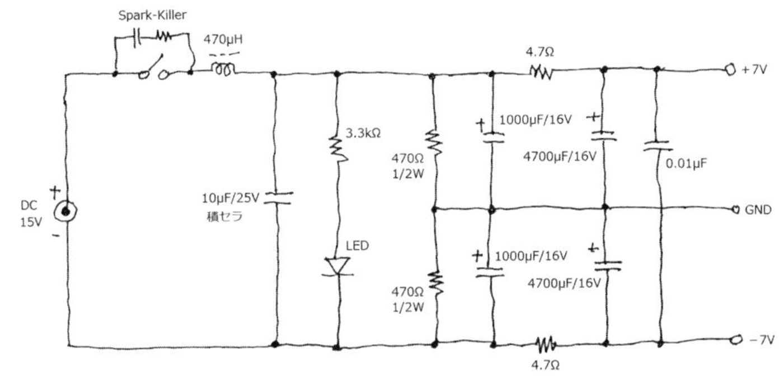

図5-7　OPアンプ用擬似プラス・マイナス電源回路

程度のアンバランスは，OPアンプの能力からみたら無視できます．

電源の供給源としてはDC15V出力のスイッチングACアダプタを使います．スイッチング・ノイズ対策として，電源の入口には470μHと10μFによるノイズ・フィルタがあります．10μFには高周波特性の良い積層セラミックコンデンサを使います．電源のインジケータLEDへは4mAほど流していますが，LEDの明るさは直列に入れた抵抗値で調整してください．

OPA2134は1つのパッケージに2ユニットが入っているため，電源は左右チャネルで分けておらず共通です．

アンプ回路への出力には，プラス側とマイナス側ともに4700μFを入れてあります．このコンデンサは，ヘッドホンを駆動する信号電流の通り道ですから十分な容量が必要です．しかし，ACアダプタの出力にこのような大容量のコンデンサがつながっていると，電源ON時の過渡電流でACアダプタの保護回路が作動してしまいます．そこで，470μH（DCR＝実測約2.3Ω）のインダクタとプラス側とマイナス側それぞれに入れた4.7Ωに電流制限の機能を持たせてあります．

なお，回路図中の0.01μFはOPアンプの動作の安定を確保するためのコンデンサなので，電源回路側ではなくできるだけOPアンプの近くの±の電源パターン間に実装してください．

■ OPアンプとディスクリートの違い

● OPアンプとディスクリート回路

OPアンプのような完成された集積回路に対して，回路を構成するすべての部品や回路定数について一から設計して組み上げることをディスクリート回路と呼びます．

汎用OPアンプは，ヘッドホンを駆動する電流が十分でない弱点はありますが，何と言っても製作が楽だというメリットがあります．しかし，OPアンプであるがゆえの回路設計上の考え方や特徴があり，これは変えることはできません．これに対してディスクリート回路は，設計・製作ともに手間はかかりますが回路設計に高い自由度があります．

オーディオ回路におけるOPアンプとディスクリート回路の違いについて考えてみましょう．

● OPアンプの設計の考え方

OPアンプは非常に高い利得を持っています．トランジスタを使った2段構成の増幅回路の利得は，1,000倍から10,000倍程度ですが，OPアンプは100,000倍以上あります．このように高利得なOPアンプで10倍以下の増幅回路を組むと80dB以上の負帰還がかかることになりますが，ほとんどのOPアンプは安定して動作します．

何故，OPアンプはこのような使い方ができるのかは，OPアンプの帯域特性を見ればわかります．**図5-8**は，OPA2134の帯域・位相特性です．帯域特性は数Hzあたりから10MHzに向かって一直線に下降しています．あえてこのような特性を持たせることで，どのような使い方をしても位相の安定が保たれるように工夫してあります．

負帰還をかけない状態では，120dB(1,000,000倍)もの高い利得が得られるといっても，そのときの帯域特性は数Hzと極端に狭いものに過ぎません．オーディオ・アンプとして通用するためには100kHz程度の帯域は欲しいところです．しかし，100kHzの帯域を得るためには利得を40dB(100倍)まで落とさなければなりません．

そのため周波数によって負帰還量が著しく異なることになります．100Hzにおける負帰還量は60dBとたっぷりありますが，1kHzでは40dBに減り，10kHzでは20dBしかありません．これ

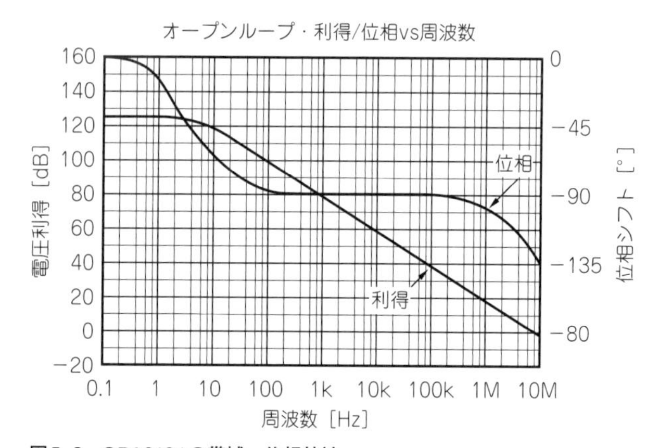

図5-8　OPA2134の帯域・位相特性
出典：TEXAS　INSTRUMENTS　OPAx134データシート

は，1kHzのひずみ率は100Hzの10倍多くなり，10kHzでは100倍多くなることを意味します．高性能に思えるOPアンプも万能ではないのです．

● ディスクリート回路では

ディスクリート回路は設計の自由度が高いですから，OPアンプのような考え方のアンプも作れますが，全く異なる考え方のアンプも作れます．OPアンプは高い汎用性が持ち味ですが，ディスクリート回路では1つの用途のために最適化することに意味があります．

音の良いオーディオ・アンプに求められるのは，広い帯域にわたって均一な低ひずみ率が得られることです．しかし，低ひずみ率を得ようとして多量の負帰還をかけようとすると，高い利得と強い位相補正が必要になり，結局はOPアンプのようになってしまいます．

広い帯域にわたって均一に負帰還がかかるようにするためには，

無帰還時の帯域特性がある程度広くなければなりません．多量の負帰還をかけることはできませんから，無帰還時でも低ひずみであることも必要です．ディスクリート回路では，OPアンプとは大きく異なる考え方の設計が求められるわけです．

第6章

ヘッドホン・アンプを作ろう

■ エミッタ共通回路1段ヘッドホン・アンプ

● エミッタ共通回路

今度はOPアンプを使わずに，ディスクリート回路でヘッドホン・アンプを設計してみます．効率的に電圧利得が得られるトランジスタ回路の基本はエミッタ共通回路です．**図6-1**は，エミッタ共通回路による1段増幅回路で，これから説明するエミッタ共通回路1段ヘッドホン・アンプの増幅を担う核心部分です．

● DC動作の設計

まず，この回路のDC動作について解析してみましょう．コレクタから十分に大きな振幅の出力を得るために，コレクタ電圧は電源電圧(12V)の1/2の6Vとしてあります．コレクタ負荷抵抗は1kΩで，コレクタ電流は約6mAです．そのときのベース～エミッ

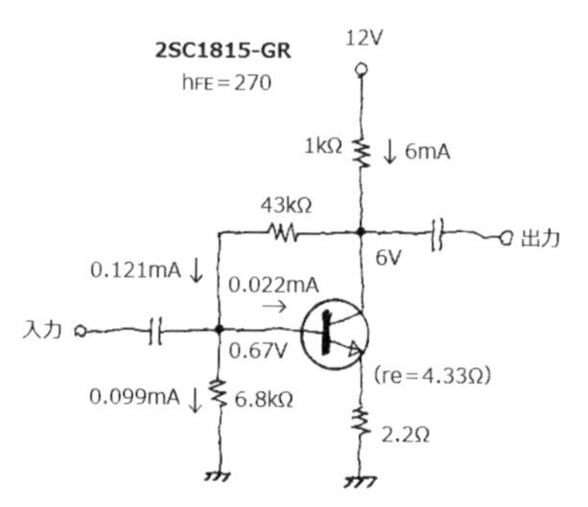

図6-1　エミッタ共通回路による1段増幅回路

タ間電圧の実測値は0.67Vとなりました．2SC1815-GRのh_{FE}の実測値は270であったのでベース電流は，

$$\text{ベース電流} = \frac{6\text{mA}}{270} = 0.022\text{mA}$$

となります．

ベース～アース間に6.8kΩを入れてブリーダ電流0.099mAを流しておきます．ブリーダ電流とベース電流0.022mAを足した0.121mAが43kΩに流れるため，コレクタ電圧は6Vに落ち着きます．

この回路では，コレクタとベースをつないだ43kΩによって弱いDC帰還がかかっているので，ある程度の安定さを持っています．ベース電流にブリーダ電流を加えることで，h_{FE}値に少々のばらつきが生じても，コレクタ電圧が電源電圧の1/2から大きくはずれないようにしています．

● AC動作の設計(1)…利得の計算

信号が入力されてベースがプラスに振れると，コレクタ電流が増加してコレクタ電圧はマイナスに振れます．つまり，ベース入力側とコレクタ出力側は逆の動きをします．エミッタ共通回路は入力信号と出力信号の位相が反転します．

エミッタ共通回路の電圧利得は，式(6-1)で求めることができます．式中の26は定数です．

$$\text{電圧利得(倍)} = \frac{\text{コレクタ負荷抵抗}\Omega}{\left(\dfrac{26}{\text{コレクタ電流mA}}\right) + \text{エミッタ抵抗}\Omega} \quad \cdots\cdots (6\text{-}1)$$

電圧利得は，コレクタ負荷抵抗値が大きいほど，コレクタ電流が大きいほど，エミッタ抵抗が小さいほど高くなります．ところで，式(6-1)にはh_{FE}が出てきません．h_{FE}はこの式を見る限り電

圧利得とは関係がないことになります．式(6-1)をこの回路にあてはめると以下のようになります．

$$電圧利得 = \frac{1000\Omega}{\left(\frac{26}{6.0\text{mA}}\right) + 2.2\Omega} = 153倍$$

エミッタ側に入れた2.2Ωを撤去すれば電圧利得をもっと稼ぐことができます．しかし，最大振幅に振れた際に微細な寄生発振※を認めたので，これを回避するために2.2Ωを追加しています．

● AC動作の設計(2)…入力インピーダンスの計算

エミッタ共通回路の入力インピーダンスは，以下の式で求めることができます．

$$入力インピーダンス(\Omega) = \left(\frac{26}{コレクタ電流\text{mA}} + エミッタ抵抗\Omega\right) \times h_{FE} \cdots\cdots (6\text{-}2)$$

入力インピーダンスは，コレクタ電流が少ないほど，h_{FE}が大きいほど，エミッタ抵抗が大きいほど高くなります．

h_{FE}は，入力インピーダンスの決定要素であって，利得の直接的な決定要素ではありません．しかし，増幅回路が2段以上になった場合は，次段の入力インピーダンスは前段の負荷になるため，入力インピーダンスが高い方が前段で利得を稼ぐ際に有利になります．この回路の入力インピーダンスはこのようになります．

$$入力インピーダンス = \left(\frac{26}{6\text{mA}} + 2.2\Omega\right) \times 270 = 1.76\text{k}\Omega$$

ここで解説した電圧利得と入力インピーダンスの計算方法は，トランジスタ増幅回路の基本中の基本ですのでぜひ暗記してください．これ以降に登場する全てのヘッドホン・アンプにおいても

※寄生発振：回路の発振形態の1つで，オーディオ波形に寄生するように発振した波形が重なる現象．

変わることなく応用できます.

● エミッタ共通回路+SEPP回路

図6-1の回路をベースにしてSEPP回路を追加し，ヘッドホン・アンプらしくしたのが**図6-2**の回路です．出力段はすでにおなじみのSEPP回路で，第3章のSEPP型ヘッドホン・バッファと同じです．バイアス回路のLEDには，6mAの順電流を流したときの順電圧が1.8Vくらいになる赤またはオレンジ色を使っています.

● 負帰還のかけ方

反転アンプに負帰還をかける場合は**図6-3(a)**のようになり，非反転アンプの場合は**図6-3(b)**のようになります．それぞれの場合の負帰還をかけた後の利得は式(6-3),(6-4)となり，どちらもR_1とR_2の比で決まります．ただし，これらの式はOPアンプのように無帰還時の利得(裸利得)が非常に大きい場合のもので，利

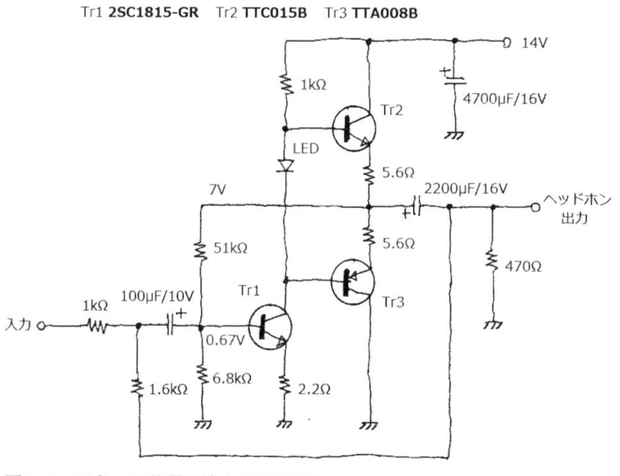

図6-2　エミッタ共通回路+SEPP回路

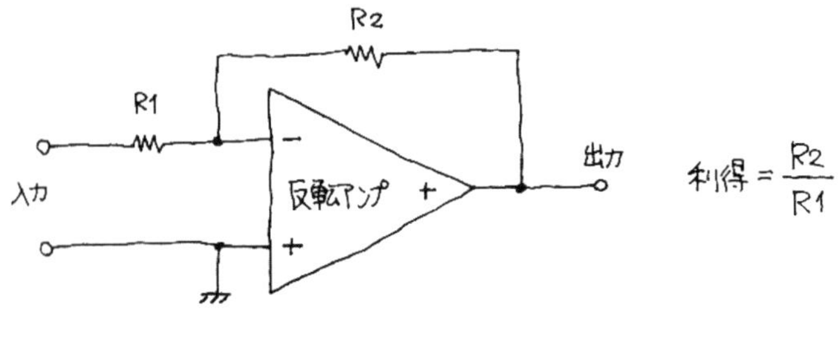

(a) 反転アンプ

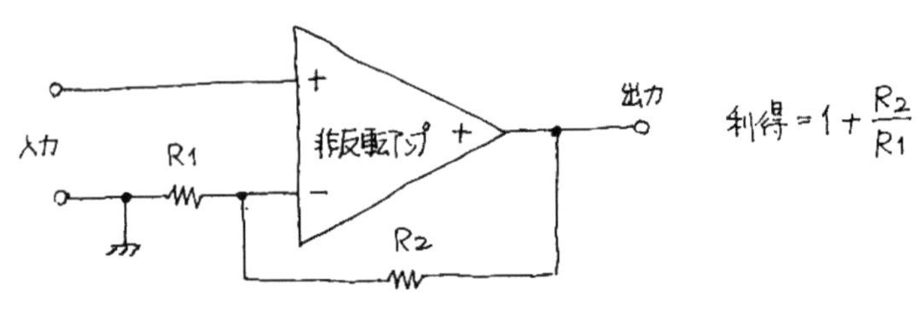

(b) 非反転アンプ

図6-3　反転アンプと非反転アンプの負帰還

得がR_2/R_1に近づくにつれてこれらの式で求めた結果よりも低くなります．

無帰還時の利得がR_2/R_1よりも十分に大きいとき

反転アンプの場合　：利得$=\dfrac{R_2}{R_1}$ ……………………… (6-3)

非反転アンプの場合：利得$=1+\dfrac{R_2}{R_1}$ …………………… (6-4)

エミッタ共通回路は反転アンプなので，負帰還のかけ方は(a)に該当します．現実的にはヘッドホン出力から直接アンプの入力にかけます．この場合，入力インピーダンスは入力と直列に入れた抵抗(**図6-2**では1kΩ)とほとんど同じかそれよりも少しだけ大きな値となります．

このヘッドホン・アンプ以外の本書掲載のヘッドホン・アンプはすべて非反転アンプなので，負帰還はすべて(b)に該当します．

● 入力インピーダンスを高くする

図6-2の回路はヘッドホン・アンプとして一応は動作しますが，入力インピーダンスが非常に低いのが難点です．パソコンやiPhoneなどのイヤホン端子に直接つなぐ場合は，ヘッドホン・アンプの入力インピーダンスは1kΩ以上あれば問題なく使うことができます．

しかし，通常のオーディオ・ソース機器は，20kΩ～50kΩくらいの入力インピーダンスの機器とつなぐことを想定しています．1kΩ程度の極端に低い入力インピーダンスで受けると，十分な音量が得られなかったり，ひずみが増加したり，低域でのフラットネスが得られなくなります．

そこでヘッドホン・アンプとして実用性のある高い入力インピーダンスを得るために，アンプの入口のところに2SC1815-GRによるエミッタ・フォロワ回路を追加したのが**図6-4**の回路です．エミッタ・フォロワ回路のおかげで入力インピーダンスは高くなりましたが，負帰還回路を構成する抵抗値(39kΩや130kΩ)も大きくなってしまいました．そのため，抵抗器から発生する雑音(ジョンソン・ノイズという)の影響を受けています．

● ジョンソン・ノイズ

抵抗体は，そこに存在する自由電子の不規則な熱振動のために常にノイズを出しています．これを熱雑音あるいは発見者の名前からジョンソン・ノイズと呼んでいます．物理現象なので低雑音用と称する部品を選んでも減るわけではありません．ジョンソン・ノイズの一般式は次のとおりです．

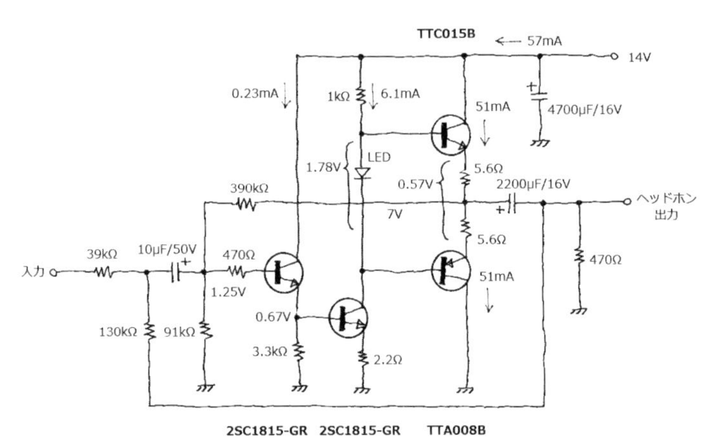

図6-4　エミッタ・フォロワ回路を追加したエミッタ共通回路1段ヘッドホン・アンプ

雑音電圧$=\sqrt{4KTRB}$

（Kはボルツマン定数，Tは絶対温度，Rは抵抗値，Bは帯域幅）

現実的に求めるには次の式が便利です．

マイクロソフトのExcelで以下の式を使うと容易に計算できます．

雑音電圧＝SQRT(R*B*(T+273)*0.000000055)

SQRT：平方根の関数

R：抵抗値［Ω］

B：帯域幅［kHz］

T：温度［℃］

この計算式によると，1kΩの抵抗器の両端に生じる雑音電圧は1.15μV（温度25℃，帯域80kHz）となり，10kΩでは3.62μV，100kΩでは11.5μVとなります．

たとえば，ヘッドホン・アンプの入力回路に39kΩの負帰還抵抗があり，負帰還回路の合成抵抗が50kΩの場合は21.3kΩに相当するジョンソン・ノイズ（5.3μV）が発生します．アンプの利得が

2.4倍であればヘッドホン出力に現れるジョンソン・ノイズの大きさは12.7μVでこれが理論限界となります．

オーディオ機器の雑音は，大きさがジョンソン・ノイズに近いほど優れた雑音設計であるといえます．

● 実測特性

このヘッドホン・アンプの実測特性は，**図6-5**のとおりです．最大出力は100mW～200mWに達しますが，そのときのひずみ率は1％ほどもあります．0.1％のひずみ率で得られる出力は10mW以下ですので好成績とはいえません．

残留雑音は26μVなので実用上十分なローノイズ性能ですが，本書に掲載した他の回路と比べるとノイズは多めです．残留雑音のうちの半分は，負帰還回路の抵抗器が出すジョンソン・ノイズです．高感度なイヤホンの場合はかすかにノイズが聞こえることがあるかもしれません．周波数特性は十分にワイドレンジです．**図6-6**は本回路の周波数特性，**表6-1**は測定数値の一覧です．

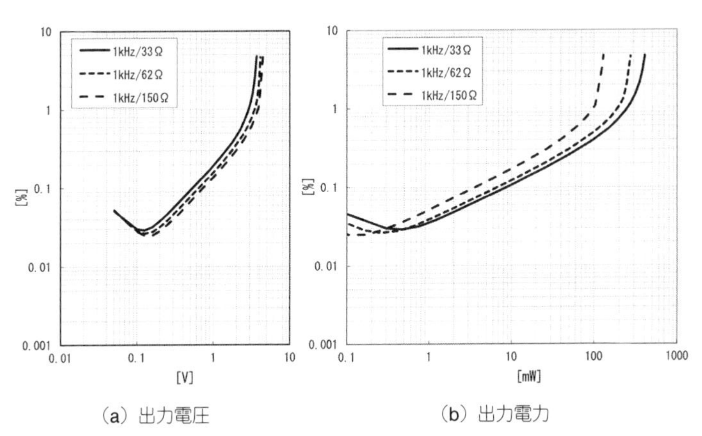

図6-5　エミッタ・フォロワ回路を追加したエミッタ共通回路1段ヘッドホン・アンプのひずみ率特性

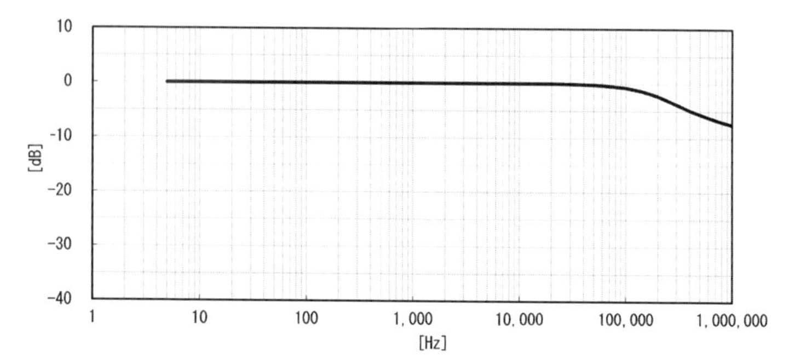

図6-6　エミッタ・フォロワ回路を追加したエミッタ共通回路1段ヘッドホン・アンプの周波数特性

表6-1　エミッタ共通回路1段ヘッドホン・アンプ特性測定値

項　目	測定値
入力インピーダンス	約40kΩ
利得	2.39倍(7.6dB)
周波数特性	5Hz〜120kHz(−1dB)
出力vsひずみ率(33Ω負荷)	50mW(0.26％THD)
出力vsひずみ率(62Ω負荷)	50mW(0.3％THD)
出力vsひずみ率(150Ω負荷)	50mW(0.5％THD)
残留雑音	26μV
電源	＋14V
消費電流	114mA

■ エミッタ共通回路2段ヘッドホン・アンプ

● PNP〜NPN2段直結回路

エミッタ共通回路1段ヘッドホン・アンプをベースにして，エミッタ共通回路をもう1段増やして利得を稼ぎ，負帰還量を増やしたのが**図6-7**の回路です．

PNPトランジスタとNPNトランジスタによる2つのエミッタ共通回路を直結し，一方が上下逆さま(この回路ではPNP側が逆さま)になっています．1970年代，この回路スタイルの普及によ

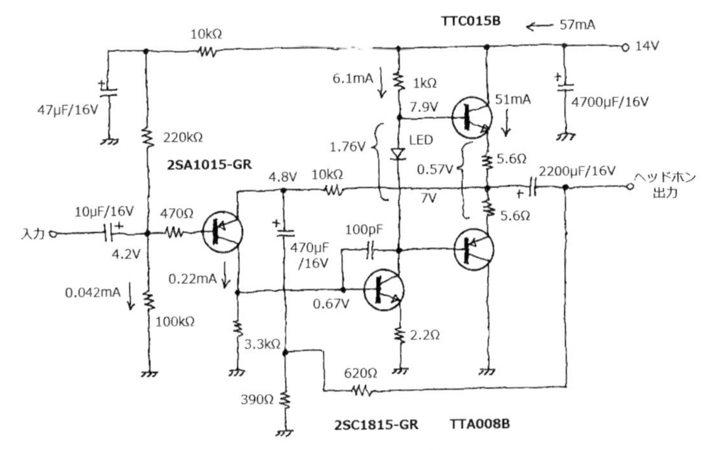

図6-7　エミッタ共通回路2段ヘッドホン・アンプ

って，半導体アンプの全直結化とDC帰還が可能になりました．今日のオーディオ回路の考え方の基礎を作った，エポック・メーキングな発明と言っていいでしょう．

● DC安定のメカニズム

この回路のDC安定は，出力から初段エミッタにかけているオーバーオールの負帰還がDC領域まで効いていることで得ています．その基本動作のエッセンスだけを抜き出したのが**図6-8**です．

初段のベース電圧は，R_{B1}とR_{B2}によって電源電圧を分圧した電圧V_{B1}によって決定され，これがこの回路の動作を決定する初期値となります．2段目トランジスタのベース～エミッタ間電圧V_{BE}は約0.6Vとなりますが，これは初段のコレクタ負荷抵抗R_{C1}の両端電圧でもあります．初段コレクタ電流I_{C1}は，0.6VとR_{C1}によって一意的に決定されます．

ところで，初段ベース電圧V_{B1}はすでに決定されているので，初段エミッタ電圧は自動的に初段ベース電圧に約0.6Vを足した

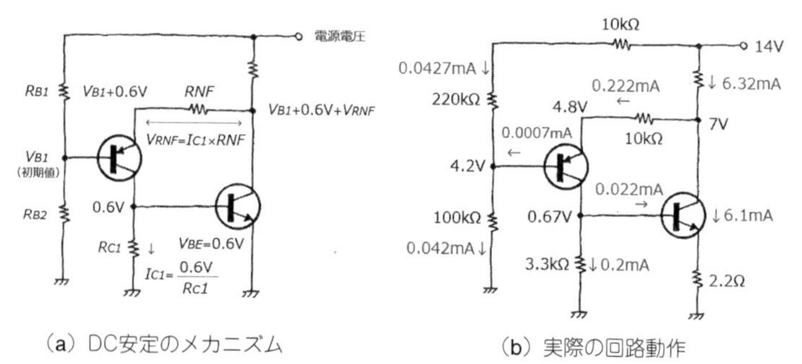

図6-8　2段直結増幅回路のDC安定メカニズム

$V_{B1}+0.6\text{V}$になります．負帰還抵抗RNFには初段コレクタ電流I_{C1}が流れるので，RNFに生じる電圧も自動的に決まります．さらに，2段目のコレクタ電圧$(=V_{B1}+0.6\text{V}+V_{RNF})$も自動的に決まります．2段目のコレクタから初段のエミッタに100 %のDC帰還がかかるので，この回路はDC的にきわめて高い安定性を持ちます．そしてこのDC安定メカニズムは，SEPP回路を追加しても変わることはありません．

現実の回路では，各トランジスタのベース電流も考慮して設計しますが，回路動作の本質は変わりません．

● 実測特性

このヘッドホン・アンプの特性は，**図6-9**および**表6-2**のようになりました．実用十分な低ひずみ率特性と静粛さを持っています．ただこのアンプは電源ON時のポップノイズが少々目立つという欠点があります．音の評価については主観が入って難しいところですが，ポジティブな言い方をすれば輪郭がはっきりとした前に出る音，ネガティブな要素としては元気よく誇張されたものを感じます．1970年代の音の良いアンプはどれもこんな音をしていました．

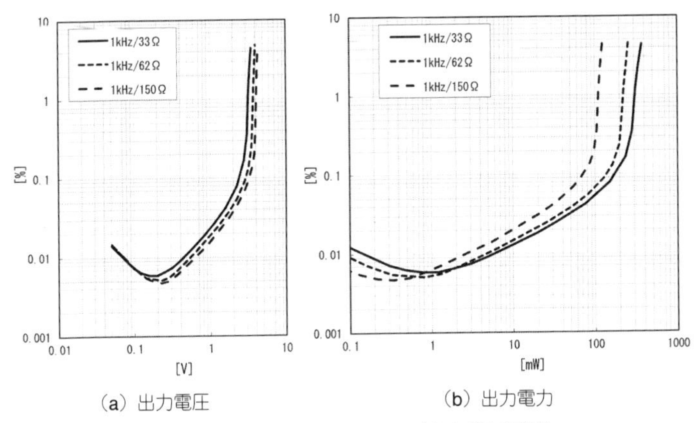

(a) 出力電圧　(b) 出力電力

図6-9　エミッタ共通回路2段ヘッドホン・アンプのひずみ率特性

表6-2　エミッタ共通回路2段ヘッドホン・アンプ特性測定値

項　目	測定値
入力インピーダンス	約67kΩ
利得	2.49倍(7.9dB)
周波数特性	5Hz～90kHz(－1dB)
出力vsひずみ率(33Ω負荷)	50mW(0.031％THD)
出力vsひずみ率(62Ω負荷)	50mW(0.038％THD)
出力vsひずみ率(150Ω負荷)	50mW(0.06％THD)
残留雑音	7μV
電源	＋14V
消費電流(2ch分)	114mA

■ 差動2段ヘッドホン・アンプ

● これまでの経緯

もう10年も前のこと，インターネットのホームページ上でFET差動ヘッドホン・アンプ※を発表したときから，すべてをバイポーラ・トランジスタによる構成はできないかと考えていまし

※FET差動ヘッドホン・アンプ　http://www.op316.com/tubes/hpa/index.htm

た．しかし，実際にやってみるとDC安定を得るのが案外難しい，簡単に発振してしまうなど解決すべき課題が多くて長らく頓挫していました．

FET差動ヘッドホン・アンプは，シンプルな構造なのに，バイポーラ・トランジスタ化した同じ構成のヘッドホン・アンプとしてアレンジすると，誰でも確実に作れる安定したものにはならなかったのです．

しかし，差動2段構成にしてみると十分に安定した再現性があり，かつ音響的にも満足できるヘッドホン・アンプが実現可能であることがわかりました．

● 差動増幅回路

差動増幅回路が登場したことで，オーディオ回路は設計の自由度が格段にアップしました．

図6-10は差動増幅回路の基本回路です．特性が同じ2つのトランジスタ(Tr_1，Tr_2)のエミッタ同士をつなぐことに加えて，共通エミッタ側は定電流回路または高抵抗回路にして2つのトラン

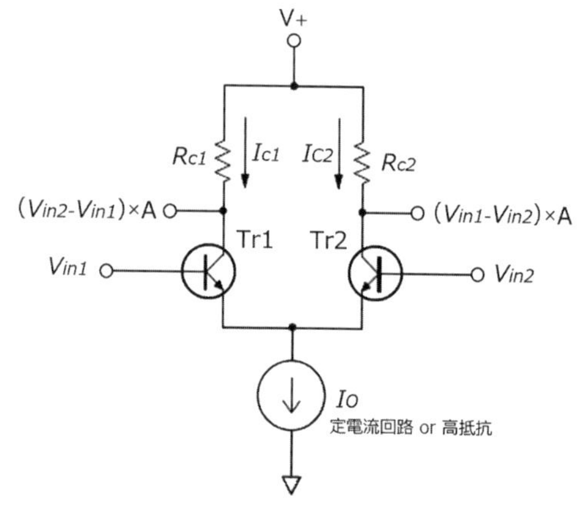

図6-10　差動増幅回路

ジスタの電流の合計を一定に保つのが基本です．

差動増幅回路は，2つのベースの電圧差($Vin_1 - Vin_2$)を増幅します．2つのトランジスタのコレクタ電流の合計は一定値(I_O)に縛られるため，一方のコレクタ電流が増加すると反対側のコレクタ電流はシーソーのように減少します．そのためA倍に増幅された出力は，両方のコレクタに正確に同じ振幅かつ逆相で得られます．

この回路は，一対のエミッタ共通回路と考えることもできるし，一方のトランジスタをエミッタ・フォロワ(コレクタ共通回路)，反対側のトランジスタをエミッタ入力回路(ベース共通回路)と考えることもできます．どちらで考えても誤りではないので結果は同じになります．

差動動作は極めて高速で広帯域であること，トランジスタの非直線性が打ち消されることで低ひずみが得られることなど，オーディオ的にも優れた特性を持っています．

● 全体の構成

差動2段ヘッドホン・アンプの回路は**図6-11**のとおりとなりました．初段はPNPトランジスタによる差動増幅回路で，2段目はNPNトランジスタによる差動増幅回路です．出力段は，これまで何度も登場したSEPP回路です．

各段はすべて直結で，ヘッドホン出力から初段差動回路に強いDC帰還と利得を持たせたAC帰還をかけています．この回路構成は基本的にOPアンプと同じです．しかし，回路設計の考え方はOPアンプとは大きく異なります．

OPアンプは，高い汎用性と安定性を両立させるために，帯域特性に思い切った割り切りがあります．このヘッドホン・アンプは，そのような制約がありませんからオーディオ・アンプとして最適化が可能です．そのため，汎用的なOPアンプを流用したヘッドホン・アンプの音と，オーディオ・アンプとして仕上げたヘッドホン・アンプの音は明らかに異なるのです．

電源電圧の設計値はプラス・マイナス7Vですが，実機では6.9Vとなりました．プラス・マイナス6.5V～7.5Vで設計どおりの動作をします．第5章の冒頭で取り上げたOPアンプを使ったヘッドホン・アンプと同じ電源が使えそうに思えますが，それはできません．その理由については章末の電源回路のところで解説します．

● 初段の差動増幅回路の役割

このヘッドホン・アンプの初段の差動増幅回路には3つの重要な役割があります．

▶入力信号を増幅する

ヘッドホン・アンプに入力された信号は，初段の差動増幅回路の左側のトランジスタのベースに入ってきます．この入力信号は増幅されて2つのコレクタから次段に送られます．

▶入力信号と出力信号を比較する

ヘッドホンを駆動する出力信号は，負帰還回路を経て差動増幅回路の右側のトランジスタのベースに入ってきます．このとき，入力信号と出力信号の比較が行われて，その差だけが初段の差動増幅回路の出力になります．

入力信号はひずんでいませんが，ヘッドホン・アンプを通った出力信号はひずみが生じています．初段の差動増幅回路は，入力信号と出力信号を比較することで，ひずみ成分だけを検出して入力信号に加えているのです．こうすることでひずみが打ち消されます．これが負帰還の効果です．

▶DCオフセットを検出する

初段の差動増幅回路をDC的にみると，左側のトランジスタのベースは56kΩを介してアース電位が与えられています．右側の

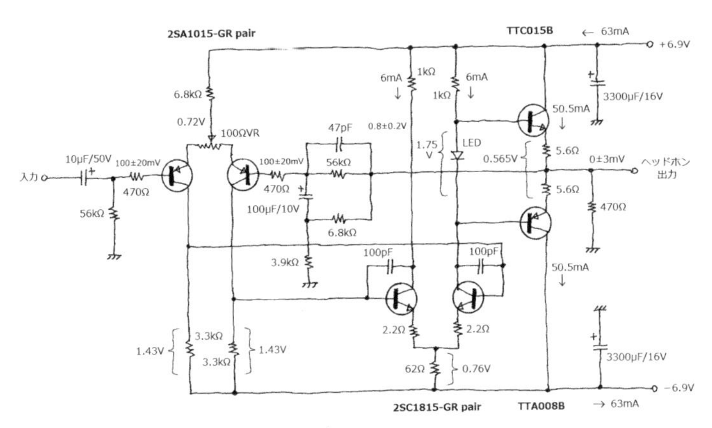

図6-11　差動2段ヘッドホン・アンプ

トランジスタのベースは，56kΩを介してヘッドホン出力の電位が与えられています．初段の差動増幅回路は，ヘッドホン出力に生じるDCオフセット電圧も検出し監視しています．DCオフセット電圧が生じると，負帰還のメカニズムによって自動的に修正されます．

2段目も差動増幅回路の形をしていますが，初段ほど重要な役割は担っていません．共通エミッタ側は62Ωという低抵抗が入っているだけですから，準差動増幅回路とでも言うのが正しいでしょう．しかし，この程度の差動的動作でも直線性の改善効果があり，かつ本機のトーン・キャラクタを魅力あるものにしています．出力段はこれまで解説してきたヘッドホン・アンプと同じSEPP回路です．

● DCオフセット電圧の安定性

本回路は，OPアンプを使ったヘッドホン・アンプと同様に出力回路とヘッドホンが直結していて，DCを遮断するコンデンサがありません．出力と直結しているヘッドホンの安全性を維持するためには，ヘッドホン出力が直流的に常に精密に0Vを維持し，DCオフセット電圧が生じないような設計上の配慮が求められます．

DCオフセット電圧の大きさは，初段の2つの2SA1015-GRのベース電流によって2つの56kΩの両端に生じる電圧の差でほぼ決まります※．電圧の差を小さくするためには，ベース電流の差が生じないようにすることと，ベース電流自体を減らすことが有効です．そのためには，2つの2SA1015-GRにh_{FE}値が揃ったものを採用したり，できるだけh_{FE}値が大きなものを選ぶことになります．

しかし，そこまで神経質にならなくても，100Ωの半固定抵抗器による調整で十分に実用性が得られるように設計しました．2SA1015-GRのh_{FE}値がそれぞれ，200，250，300，350，400にばらついたときのベース電流を求めて，56kΩの両端に生じる電圧がどうなるか求めてみましょう．2SA1015-GRのコレクタ電流は0.455mAですから，結果は**表6-3**のようになります．

一方で，差動回路のエミッタ側に入れた100Ω半固定抵抗器による調整範囲は，

$$0.455\text{mA} \times 100\Omega = 45.5\text{mV}$$

ですから，h_{FE}値が200と400のように極端にかけ離れた場合は調整しきれませんが，250と350くらいのばらつきであれば十分に調整可能です．販売されているトランジスタのh_{FE}値は，仕入

表6-3　h_{FE}値のDCオフセット電圧への影響度

ベース電流	ベース電流×56kΩ
0.455mA÷200＝0.00228mA	127mV
0.455mA÷250＝0.00182mA	102mV
0.455mA÷300＝0.00152mA	85mV
0.455mA÷350＝0.0013mA	73mV
0.455mA÷400＝0.00114mA	64mV

※注意：ベース電流とは別に，2つの2SA1015-GRのベース～エミッタ間電圧V_{BE}の個体差が最大で数mV程度存在します．

れた単位ごとに結構揃っているものなので，同じ店で同じタイミングで購入したものであれば問題なく使用可能と判断しました．気になるのでしたら，h_{FE}簡易測定機能付きのテスターで確認されたらいいでしょう．

● DCオフセット調整

DCオフセットの調整は，通電後30分以上たって基板全体の温度が安定してから行います．ヘッドホン出力とアースの間の電圧を監視しながら，初段差動回路の半固定抵抗器(100Ω)を調整します．2SA1015-GRのh_{FE}値によほどにひどいばらつきがない限り，無理なく5mV以内に追い込めるでしょう．

● 実測特性

ひずみ率特性および周波特性は，**図6-12**および**図6-13**のとおりなかなか優秀です．最低ひずみ率は0.003％を記録し，残留雑音は8μVときわめて静粛なヘッドホン・アンプとなりました．**表6-4**は特性の測定値です．

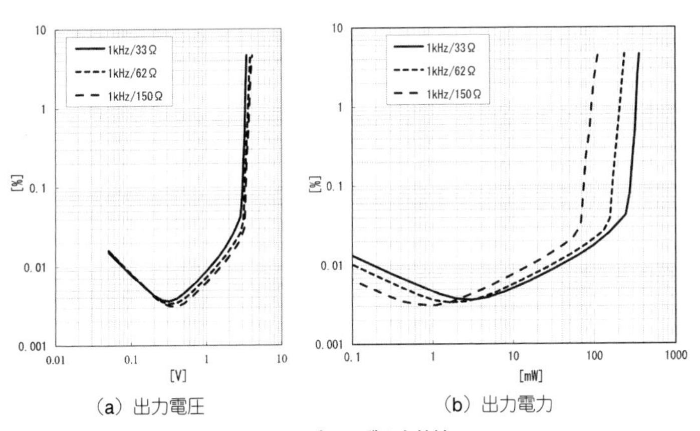

図6-12 差動2段ヘッドホン・アンプのひずみ率特性

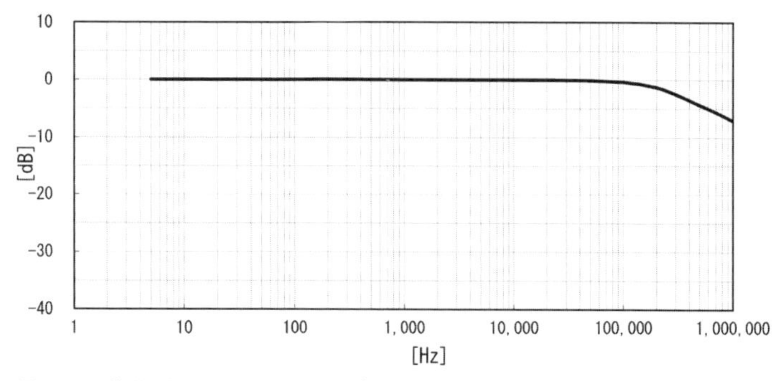

図6-13　差動2段ヘッドホン・アンプの周波数特性

表6-4　差動2段ヘッドホン・アンプの特性測定値

項　目	測定値
入力インピーダンス	約55kΩ
利得	2.55倍(8.1dB)
周波数特性	5Hz～170kHz(－1dB)
出力vsひずみ率(33Ω負荷)	50mW(0.011％THD)
出力vsひずみ率(62Ω負荷)	50mW(0.013％THD)
出力vsひずみ率(150Ω負荷)	50mW(0.02％THD)
残留雑音	8μV
電源	±6.9V
消費電流(2ch分)＋±電源	127mA＋47mA

肝心の音ですが，音楽が隅々まで見通せる明瞭さとともに，いつまでも聴いていられる聞き疲れしないものになりました．オーディオ・アンプの常として完成直後の音はやや荒れ気味ですが，早ければ一両日中に，遅くとも1～2週間程度で落ち着きを見せてバランスの良い音になってきます．

● 基板パターン

差動2段ヘッドホン・アンプを市販のユニバーサル基板を使って製作される方のために，基板パターンを紹介します(**図6-14**)．使用したのはタカス電子製作所製のユニバーサル基板IC-301-72

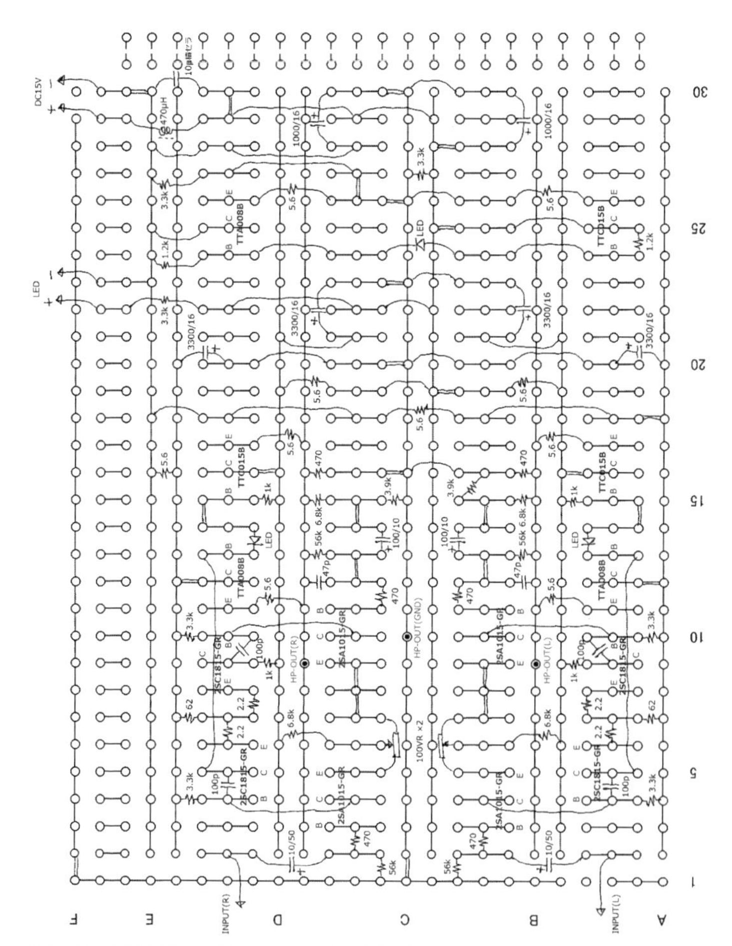

図6-14　差動2段ヘッドホン・アンプの基板パターン（表側から見た図）

です．ジャンパ線には0.3mm径の銅線を使い，すべて表側にはわせています．裏側の銅箔と表側のジャンパを併用した両面配線なので実装密度が高くなっています．**写真6-1**は完成した基板です．

写真6-1　完成した差動2段ヘッドホン・アンプの実験基板

■ プラス・マイナス電源回路

● 抵抗分割式の疑似プラス・マイナス電源は使えない

差動2段ヘッドホン・アンプはプラス7V，マイナス7Vの2電源が必要なので，供給源にはDC15VのACアダプタを使用します．

プラス側の供給電流とマイナス側の供給電流が全く同じ場合は，プラス側とマイナス側それぞれ2つの電源を用意しないで，1つの電源を2分割した擬似プラス・マイナス電源が使用可能です．差動2段ヘッドホン・アンプでは，プラス側とマイナス側の差は初段差動回路のベース電流相当で0.003mA～0.004mA程度とごくわずかなので擬似プラス・マイナス電源が採用できます．

しかし，差動2段ヘッドホン・アンプで，OPアンプで採用した簡易型の疑似プラス・マイナス電源をそのまま使うと，電源ON

時に誤動作することがあります．このヘッドホン・アンプは，電源ON時にヘッドホン出力に十数mA程度の過渡電流が流れます．これが疑似プラス・マイナス電源の電圧バランスを狂わせて，アンプの立ち上がり時の誤動作を引き起こします．この過渡電流を吸収するためには，トランジスタなどの能動素子を使った疑似プラス・マイナス電源が必要です．

● 回路の説明

電源回路は**図6-15**のとおりです．

一見してSEPP回路そのものであることがわかります．約15Vを2分割してSEPP回路のエミッタ出力にあたる部分をアースにつないでいます．プラス側の供給電流とマイナス側の供給電流にアンバランスが生じても，SEPP回路がそのアンバランスを吸収してくれます．

どれくらいの吸収能力があるかですが，このSEPP回路をアンプの出力段として見立てたときの出力インピーダンス(内部抵抗)は約7Ωですので，1mAのアンバランスあたり0.007Vの電圧変動

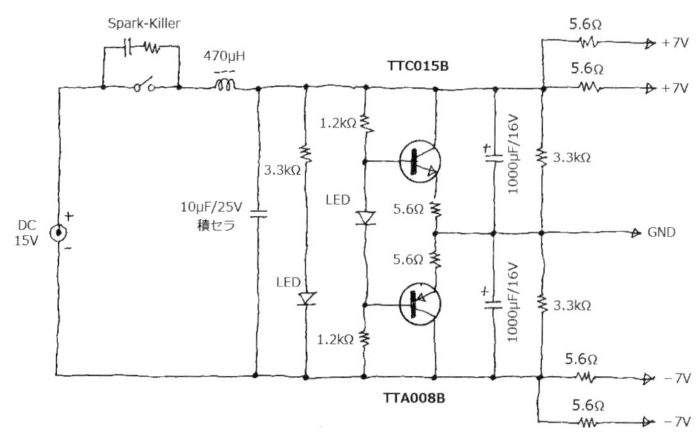

図6-15　能動素子を使った疑似プラス・マイナス電源

となり，抵抗器2本による簡易型よりもかなり優秀です．電源ON時に過渡的に50mAが流れたとしても0.35Vの電圧変動にとどまるため，アンプ側の動作の立ち上がりで破綻することはありません．

電源回路のコンデンサの総容量は，プラス・マイナスそれぞれに，左右共通部分で1000μFがあり，左右各チャネルに3300μFずつの7600μFになります．ACアダプタの出力にこのような大容量のコンデンサがつながっていると電源ON時の過渡電流で保護回路が作動してしまうことはすでに述べました．この電源回路でも，470μH（DCR＝実測約2.3Ω）のインダクタとプラス側とマイナス側それぞれに入れた5.6Ωに電流制限の機能を持たせてあります．

ACアダプタに若干残留雑音があるため，電源の入り口には470μHと10μFによるノイズ・フィルタがあります．電源のインジケータLEDへは4mAほど流していますが，LEDは直列に入れた抵抗値で好みの明るさに調整してください．

アンプ部へは抵抗で左右に分けて供給しています．こうすることで電源ライン経由でのオーディオ信号の左右チャネル間クロストークの劣化を防いでいます．

Appendix

製作のヒント&部品ガイド

■ 製作のヒント

● 全体の構成

本書に掲載したヘッドホン・バッファやヘッドホン・アンプを製作する場合は，**図A-1**の構成をおすすめします．

入力端子の直後にローパス・フィルタ(LPF)が続きます．デジタル・ソースの状態に応じてスイッチでフィルタをON/OFFできるようにしています．LPFユニットは，小型の基板やラグ板などにインダクタやコンデンサを取り付けてスイッチの付近に配置したらよいでしょう．

ローパス・フィルタの後ろに音量調節ボリュームが続きます．50kΩ 2連ボリューム(Aカーブ)が適切です．音量調節ボリュームの後ろにアンプ部が続き，アンプ部の出力の先はヘッドホン・ジ

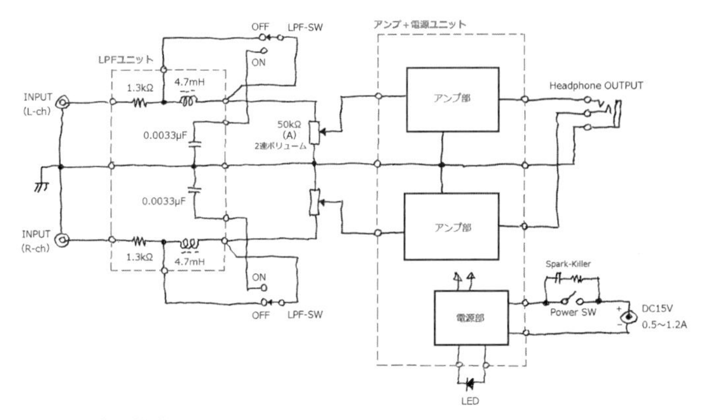

図A-1　全体構成図

ャックです．

電源部は，ACアダプタとつなぐDCジャックを入り口として，スパーク・キラーを抱かせた電源スイッチが続きます．電源部とアンプ部は同じ基板上にのる程度の規模ですが，基板を分けてもいいでしょう．

● ヘッドホン・プラグ&ジャックの接続

ヘッドホン・プラグは，**図A-2**のように接続部分が3つに分かれています．

Tip(先端)　：L-ch
Ring(中間)　：R-ch
Sleeve(根元)：共通/アース

一方でプラグを受けるヘッドホン・ジャックのデザインや内部構造は多種多様です(**写真A-1**)．シンプルなものからプラグを差し込んだときにスイッチと連動する複雑なものもあります．ヘッドホン・ジャックまわりの配線をするときは，ジャックの仕組みをよく観察して，Tip(L-ch)につながるのはどこか，Ring(R-ch)につながるのはどこか，Sleeve(共通/アース)につながるのはどこか考えながら作業してください．

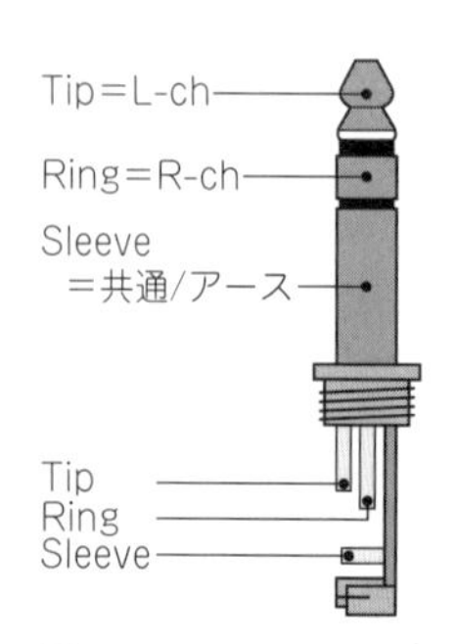

図A-2　ヘッドホン・プラグの接続

写真A-1　ヘッドホン・ジャックいろいろ

● 基板への実装

▶ユニバーサル基板の欠点

ユニバーサル基板は，碁盤の目状に開けた穴の周囲にだけ丸く銅箔(どうはく)のランドが貼ってあるのが一般的です．このようなユニバーサル基板を使う場合，各穴についている銅のランドは互いにつながっていませんから，配線するためには穴と穴をつなぐように裏側に線を当ててはわせなければなりません．

ほとんどの方は裏側に飛び出した抵抗器や半導体のリード線を折り曲げて，隣の穴と穴をつなぐ線として使っていると思います．しかし，この方法ですと以下の欠点があります．

- いったん取り付けた部品をはずしたくてもはずすことができない
- 不格好なはんだの山ができやすく，隣のランドと接触したりはんだブリッジができやすくなる
- はんだごてを当てているうちに銅箔がはがれてしまう

▶タカス電子製作所のIC-301シリーズを生かした使い方

本書の作例では，タカス電子製作所のIC-301シリーズを使って両面パターンで実装しています．このシリーズは，

- 電源やアース用のラインが張り巡らされている
- 穴が3つずつつながっている

という特殊なパターン構造をもっています．

この基板の裏面のパターンをそのまま生かして，表面にジャンパを張り巡らして両面パターンとしています．

ランドとランドをつなぐ場合は，ホチキス型に加工した0.28mm～0.3mm径の銅線をジャンパとして使い，上から穴に通してから裏側で先を折り曲げます．ジャンパには，表面にポリウレタン等の絶縁処理をしていない裸の銅線を使います．

抵抗器やコンデンサのリード線は一切曲げずにまっすぐのままはんだづけします．こうすることで作業のやり直しや部品の交換が容易になります．

写真A-2　部分拡大した基板写真

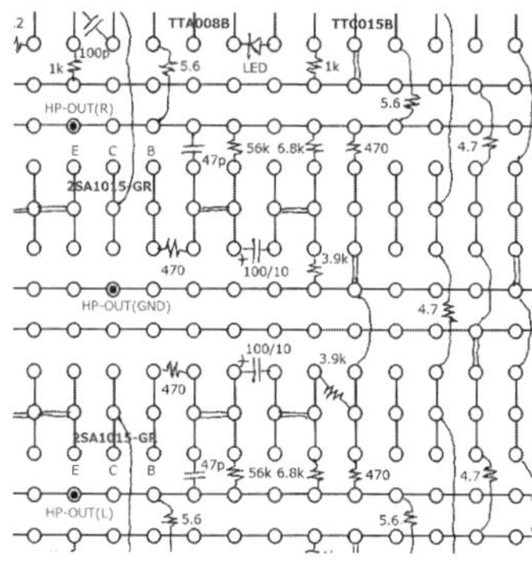

図A-3　部分拡大した基板パターン図

写真A-2と**図A-3**は，6章で製作した差動2段ヘッドホン・アンプの写真と基板パターン図の同じ部分を拡大して並べたものです．パターン図でランドとランドをつないでいる細い線と二重線がジャンパです．図では曲線ですが，実際のジャンパは真っすぐです．写真では部品のすき間からジャンパが見えています．

作業の手順は下記の通りです．

(1) 基板にジャンパを取り付ける
(2) ジャンパにミスがないかチェックする
　(部品の交換は容易ですが，ジャンパのやり直しは大変です)
(3) ジャンパを取り付けたランドをはんだづけする
(4) 部品を取り付けてはんだづけする
(5) 接続のための配線材をはんだづけする

■ 部品ガイド

本書に登場するヘッドホン・バッファやヘッドホン・アンプで使用する部品には特殊なものや入手困難なものはほとんどありません．しかし，住んでいる地域によっては部品の調達に苦労される方も多いと思いますので，部品入手のためのガイドとして以下にまとめました．

● トランジスタ，JFET

TTC015B，TTA008B

千石電商や秋月電子通商，その他通販で入手できます．2SC3421-Yや2SA1358-Yも使えます．厳密な選別の必要はありません．かなりばらついたものをそのまま使っても動作が破綻しない回路方式&回路定数を選んでいます．

2SA1015-GR，2SC1815-GR

東芝製およびセカンド・ソース品が入手可能でどちらも問題なく使えます．厳密な選別の必要はありません．同時に購入した程度に揃った4本をそのまま使って調整しきれるような回路定数を選んでいます．

OPA2134PA

汎用OPアンプは千石電商や秋月電子通商，その他通販で入手できます．

2SK30A-GR，2SK246-GR，2SK2881

2SK30Aと2SK246は入手困難ですが，2SK2881は秋月電子通商で扱っています．

● ダイオード

1N4007

ポピュラーな整流ダイオードなので入手は容易です．

1S2076A

通販やamazonなどで手に入ります．1SS270Aや1N4148など，同等の小信号スイッチング・ダイオードも使えます．

BAT46，BAT43

秋月電子通商や千石電商で扱っています．耐圧が30V～60Vで定格電流が1Aの一般品のショットキ・バリア・ダイオードも使えます．

LED

SEPP回路のバイアス用のLEDは，3mm径の赤かオレンジ色の通常品で問題ありませんが，青や白や高輝度タイプは使用できません．

● コンデンサ

アルミ電解コンデンサ

通常品を使いました．銘柄は問いません．オーディオ用はサイズが大きくて基板上に収まらない，音が変わってしまうなどの注意が必要です．

フィルム・コンデンサ

電源回路の0.01μFはフィルム・コンデンサの通常品を使いました．

積層セラミック・コンデンサ

位相補正用の47pFと100pF，電源回路の10μFは積層セラミック・コンデンサの通常品を使いました．耐圧は25V以上あれば十分です．

● インダクタ

470μH

電源で使用した470μHはアキシャル・リード型のものが秋月電子通商で廉価に入手できます(通販コード：P-04928)．厳密さは要求されないので，220μH～1mHの範囲で十分です．*DCR*(直流抵抗)は2Ω～4Ωが良く，1.5Ω以下ですとACアダプタの保護回路が働いてしまうことがあり，5Ω以上では電源電圧が低めになります．

4.7mH

デジタル・ノイズ・フィルタで使用した4.7mHはアキシャル・

リード型で秋月電子通商で入手できます(P-06953).

● スパーク・キラー

スパーク・キラーの名前で売られている部品で，中身は120Ω程の抵抗器と0.1μF程度のコンデンサを直列にしたものです．秋月電子通商や千石電商で扱っていますが，回路定数は少々異なっても構わないので余った部品で自作できます．

● ボリューム，半固定抵抗器

100Ω半固定抵抗器

BOURNS製の縦型25回転タイプが適します．秋月電子通商(P-00971，P-12702)ほか通販で入手できます．

50kΩ 2連ボリューム(Aカーブ)

音量調節用のボリュームは一般品がいろいろあります．ALPS(アルプスアルパイン)製RK271シリーズは信頼性が高くかつギャング・エラーが少ないのでおすすめします．

● スイッチ

LPFスイッチ

LPFをON/OFFするスイッチです．2回路を同時に切り替えるので，6P(2極双投)のトグル・スイッチがいいでしょう．

電源スイッチ

2A以上の電流容量があれば種類は問いません．お好みのスイッチを選んでください．

● ユニバーサル基板，ジャンパ線

タカス電子製作所IC-301-72

秋葉原の門田無線で扱っています．

ジャンパ線

0.3mm径の裸銅線でホームセンターで入手できます．ポリウレタン・コーティングしたものは適しません．

● ジャック，コネクタ

RCAジャック

さまざまな形状のものがあり容易に入手できます．

1/4インチ・ヘッドホン・ジャック

さまざまな形状のものがあり容易に入手できます．

3.5mmステレオ・ミニジャック

さまざまな形状のものがあり容易に入手できます．

DCジャック

内径2.1mm，外径5.5mmが市販のACアダプタに適合します．さまざまな外形のものがあり容易に入手できます．

● ACアダプタ

DC15V，0.8A～2A

スイッチング電源タイプ(**写真A-3**)が，千石電商や秋月電子通商その他通販で入手できます．通常はセンタープラス⊖-◐-⊕です．

写真A-3　ACアダプタ

索　引

【数字・アルファベット】

【あ・ア行】

【か・カ行】

【さ・サ行】

【た・タ行】

【な・ナ行】

【は・ハ行】

【や・ヤ行】

【ら・ラ行】

著者略歴

木村　哲(きむら　てつ)
ラジオ少年時代を経て，中学・高校時代にオーディオに目覚める．求める音の実現のため，真空管・半導体を超えて幅広くオーディオ製作活動を行う．2010年にCQ出版社から書籍「理解しながら作るヘッドホン・アンプ」を出版．本書はその続編となる．

CQ文庫シリーズ
バイポーラ・トランジスタを使ったディスクリート回路で実現する
続 理解しながら作るヘッドホン・アンプ

2021年3月1日 初版発行
2022年5月1日 第2版発行

著 者 木村 哲
発行人 小澤 拓治
発行所 CQ出版株式会社
東京都文京区千石4-29-14(〒112-8619)
電話 出版 03-5395-2123
販売 03-5395-2141

編集担当 小澤 拓治
カバー・表紙 株式会社ナカヤデザイン
DTP 美研プリンティング株式会社
印刷・製本 三共グラフィック株式会社
乱丁・落丁本はご面倒でも小社宛お送りください．送料小社負担にてお取り替えいたします．
定価はカバーに表示してあります．
ISBN978-4-7898-5046-9
Printed in Japan